工业机器人应用与维护专业人才实训丛书

工业自动化
应用技术项目实训

主　编　郭　婷

副主编　赖周艺　卢　鑫　刘　宏

参　编　邹　铮　何　懂

机 械 工 业 出 版 社

本书以工业自动化系列实训板作为载体，通过典型的实训项目，帮助读者在实践中学懂会用相关工业自动化应用技术。

本书通过少量篇幅精炼介绍工业机器人工程师需要掌握的工业自动化方面的安全、元器件、作业工具等常识。本书各实训项目安排由浅入深，均按照操作流程，配有大量图表，进行详细说明与指导，项目后均给出扩展训练，以加深理解。

本书适合工业机器人应用与维护人员使用，也适合职业技术院校、技工学校机器人专业师生使用。

图书在版编目（CIP）数据

工业自动化应用技术项目实训 / 郭婷主编. —北京：机械工业出版社，2022.8
（工业机器人应用与维护专业人才实训丛书）
ISBN 978-7-111-71466-8

Ⅰ.①工…　Ⅱ.①郭…　Ⅲ.①工业自动控制　Ⅳ.①TB114.2

中国版本图书馆CIP数据核字（2022）第158229号

机械工业出版社（北京市百万庄大街22号　邮政编码100037）
策划编辑：李万宇　　　　　责任编辑：李万宇　李含杨
责任校对：张　征　刘雅娜　封面设计：马精明
责任印制：李　昂
北京中科印刷有限公司印刷
2023年1月第1版第1次印刷
184mm×260mm·22.25印张·548千字
标准书号：ISBN 978-7-111-71466-8
定价：99.00元

电话服务　　　　　　　　网络服务
客服电话：010-88361066　机 工 官 网：www.cmpbook.com
　　　　　010-88379833　机 工 官 博：weibo.com/cmp1952
　　　　　010-68326294　金 书 网：www.golden-book.com
封底无防伪标均为盗版　机工教育服务网：www.cmpedu.com

前言 ◀ PREFACE

目前，我国正处于产业转型升级的关键时期，以工业机器人为代表的智能制造成为全球新一轮生产技术革命浪潮中最澎湃的浪花，推动着经济发展的进程。工业机器人作为先进制造业中不可替代的重要装备和手段，已经成为衡量一个国家制造水平和科技水平的重要标志。

近年来，工业机器人行业在我国实现了突飞猛进的发展，积累了许多经验，为我国制造业的高质量发展贡献了一定的力量。随着制造业的发展和工业机器人在各行各业的广泛应用，对工业机器人的质量和功能水平的要求也在不断提高，凸显了工业机器人方面知识储备和人才培养的重要性。

工业机器人的使用能够帮助企业提高效率、提升质量、节约成本，许多企业正在积极应用工业机器人技术，以至于企业对工业机器人应用型人才的需求越来越大。而且，由于机器人技术是不断进步的，这些技能型人才需要不断地进行学习，补充新知识。

目前，企业需求的机器人工程师缺口较大，社会上出现了许多机器人专业技术的培训机构，但由于机器人专业知识包括机械、电气、自动化等跨领域的融合型知识，许多培训的实战性不够。

广州蓝海教育技术有限公司（以下简称"蓝海教育"）于2018年初成立，是基于国家高新技术企业广州蓝海自动化设备科技有限公司（以下简称"蓝海自动化"）而成立的教育公司。其依托蓝海自动化近十年在自动化教学设备、工业自动化设备及民用智能设备领域的研发、设计、生产及产业链资源，利用产、学、研、创一体化产业链创新模式，旨在为我国智能制造产业培养工业自动化、工业机器人等相关应用型人才，并致力于将教育版块打造成产业化、规模化运营的培养高技能应用型人才的摇篮。

鉴于目前工业机器人培训市场急需适合培养企业工业机器人应用型人才使用的工业机器人培训图书，蓝海教育联合多家职业教育院校，出版"工业机器人应用与维护专业人才实训丛书"。编者团队研究了国家相关标准要求，结合竞赛和培训过程中的实战项目，使用大量图表，将图书编写成易读易懂，可以轻松取证上岗的图书。丛书每个分册都简要介绍了基础知识，然后以多个典型的应用实训项目，帮助读者在实际操作中掌握工业机器人的相关知识和技能。

针对工业机器人的工业自动化应用技术，蓝海教育联合深圳信息职业技术学院、惠州市技师学院等单位共同合作编写了本书。本书是以下项目的研究成果：深圳信息职业技术学院2021年校级项目化活页式教材《工业自动化应用项目实训》；基于 ACSI 的校企协同双元育人评价模型研究（编号：ybzz20003），深圳市教育科学规划课题；深圳信息职业技术学院第八批校级教改项目——以教育部工业机器人开放式公共实训基地为载体的"三位一体"人才培养模式的实践研究；深圳信息职业技术学院2020年校级混合式"金课"——工业机器人基础。

期待本套丛书能够成为工业机器人行业的经典培训用书。

丛书部分分册在正式出版前已经过学员使用，反馈良好，但由于初次出书，可能会有不完善的地方，请读者不吝指教，后期再版时再做完善。

编　者

目 录 ◀ CONTENTS

CHAPTER 1

第 1 章

安全规范与标准

1.1 电气安全的重要性

电能是现代化建设中普遍使用的能源之一，无论生产还是生活都离不开电。电力的广泛使用促进了经济的发展，丰富了人们的生活。但是，在电力的生产、配送、使用过程中，电力线路和电气设备在安装、运行、检修、试验的过程中，会因线路或设备故障、人员违章行为或大自然的雷击、风雪等酿成触电事故、电力设备事故或电气火灾爆炸事故，导致人员伤亡，线路或设备损毁，造成重大经济损失，这些电气事故引起的停电还可能会造成更严重的后果。

从已经发生的事故中可以看到，70%以上的事故都与人为过失有关，有的人不懂得电气安全知识或没有掌握安全操作技能，有的人忽视安全、麻痹大意或冒险蛮干、违章作业。

因此，必须高度重视电气安全问题，采取各种有效的技术措施和管理措施，防止电气事故，保障安全用电。电气安全作业如图 1-1 所示。

图 1-1　电气安全作业

1.2 编程技术人员的工作范围

1）保证车间全部电气自动设备处于完好状态和正常运行。

2）负责 PLC 控制系统的技术工作，将系统应用程序备份。

3）负责 PLC 系统的系统维护和程序修改并做好记录。

4）负责安装期间 PLC 系统安装质量的检查、监督、验收，负责 PLC 系统试运行期的调试工作。

设备编程调试作业如图 1-2 所示。

图 1-2　设备编程调试作业

1.3　PLC 编程安全操作规程

1）进行 PLC 编程学习、操作要具备一定的电工基础并遵守《维修电工安全操作规程》。

2）PLC 编程实训前必须经过专业理论培训，熟悉掌握设备工作的性能、原理，熟悉掌握电力、电气设备的构造、功能及维修保养知识。

3）工作前必须检查工具，包括测量仪表和编程常用工具等是否完好。

4）对于自动化控制设备，不准在运转中进行控制程序的修改，必须在停车后再将修改程序进行写入，然后进行调试。

5）更换电气元件时，不能随意使用参数不同的元件代替，紧急情况下的临时措施要及时处理，并做好记录。

6）检修过程中遵守优先更换元件、离线分析维修元件的原则。

7）不准随便触摸 PLC 模块，不准带电拉、插模块，遵守先检查外围、再检查 PLC 的原则；确认外围完好后，方可以对 PLC 进行检查。PLC 维修应由专门人员执行。

8）PLC 出现死机，需查明原因。未明确原因时，切勿盲目重新起动，严禁随意修改各种地址、跳线、屏蔽信号、取消联锁等。

9）更换模件时要特别注意应有防静电措施。

10）更换按钮等元件时，要认真了解自动化等相关知识，以免造成设备事故。

11）检修结束后，要监护一段时间，确认没有问题后，方可离开。

12）检修完成后，清理现场一切东西时，应做好现场 6S 管理。

13）编程器不能当作个人机使用，不准在机器上操作其他磁盘或装入其他操作系统。

1.4　安全标志识别

在生活中，人们为了预防意外发生，会在一些危险的地方悬挂各种颜色图形的标志，提醒行人。安全标志的外形由安全色、几何图形和图形符号组成，用来表达特定的安全信息。安全标志分为不同的类别、实物形态和含义，见表 1-1。

表 1-1　安全标志

标志类别	标志的实物形态	标志的含义
禁止标志		不准或制止人们的某些行为，如禁止合闸、通行、攀登等，禁止标志的几何图形是带斜杠的圆环，圆环与斜杠用红色，背景用白色，图形符号用黑色

（续）

标志类别	标志的实物形态	标志的含义
警告标志		警告人们可能发生的危险，如注意安全、当心触电、当心爆炸等，警告标志的几何图形是等边三角形，背景用黄色，图形符号用黑色
命令标志		告知人们必须遵守，如必须戴安全帽，必须穿绝缘鞋等，命令标志的几何图形是圆形，背景用蓝色，图形符号及文字用白色示意
提示标志		提示标志的几何图形是方形，背景为红色时是消防设备的提示标志；背景为绿色时一般为安全通道、太平门等的提示标志
补充标志		补充标志是对以上四种标志的补充说明。补充标志分为横写和竖写，横写时，禁止标志用红底白字，警告标志用白底黑字，命令标志用蓝底白字；竖写时，均用白底黑字

CHAPTER 2

第 2 章

综合实训板元器件认识

2.1 PLC 实训板

2.1.1 PLC 实训板技术图

PLC 实训板布局如图 2-1 所示；按钮盒与输入端子连接如图 2-2 所示；指示灯与输出端子连接如图 2-3 所示；PLC I/O 引出端子如图 2-4 所示；I/O 端子分布如图 2-5 所示。

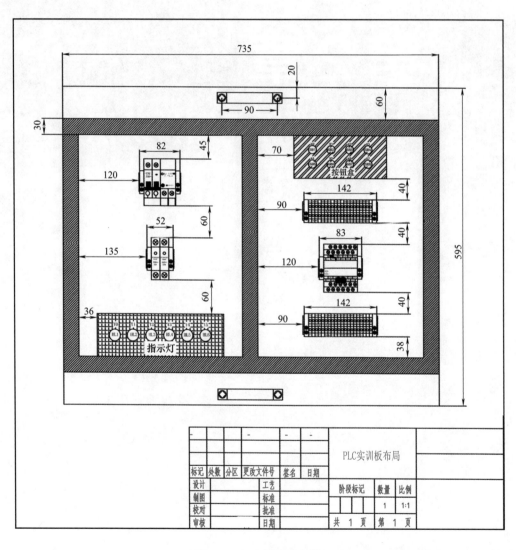

图 2-1 PLC 实训板布局

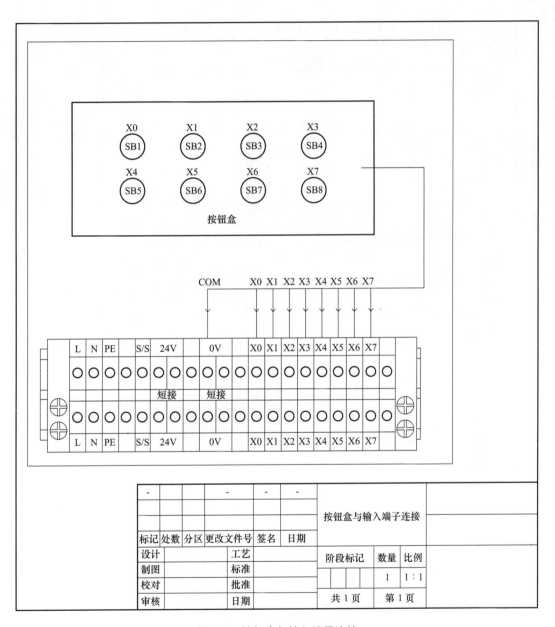

图 2-2　按钮盒与输入端子连接

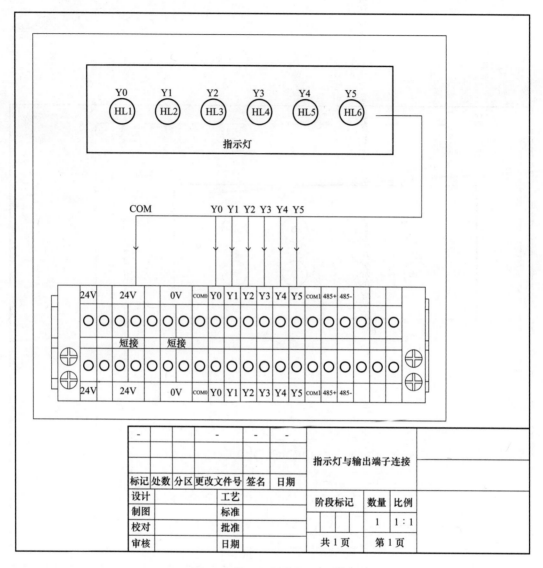

图 2-3　指示灯与输出端子连接

2.1.2　汇川可编程控制器

汇川可编程控制器结构示意如图 2-6 所示。

1. 用途

汇川可编程控制器是一种数字运算操作的电子系统，为专门在工业环境下应用而设计。它采用可以编制程序的存储器，用来执行存储逻辑运算和顺序控制、定时、计数、算术运算等操作指令，并通过数字或模拟的输入（I）和输出（O）接口，控制各种类型的机械设备或生产过程。

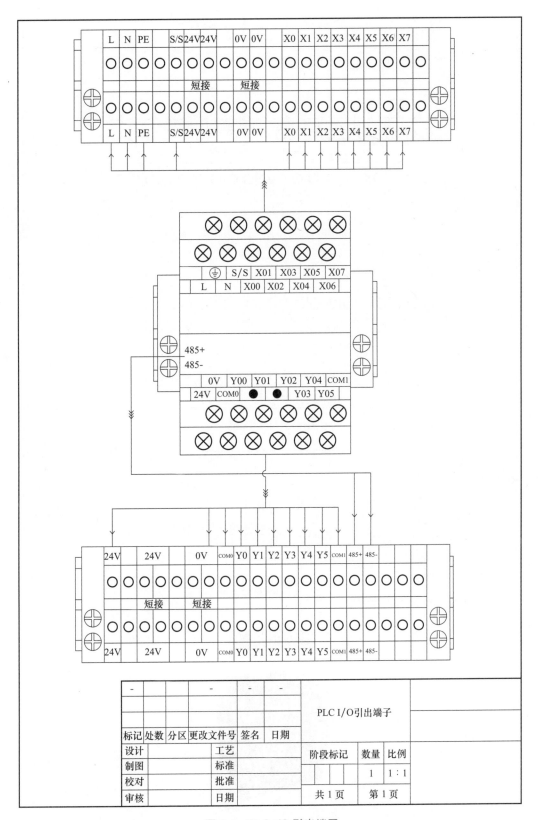

图 2-4　PLC I/O 引出端子

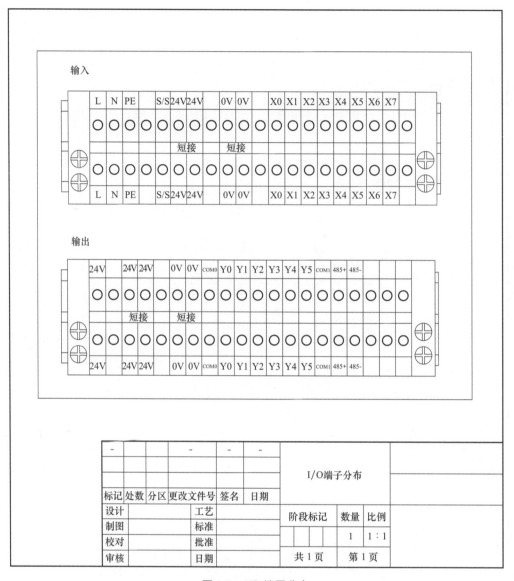

图 2-5 I/O 端子分布

图 2-6 汇川可编程控制器结构示意

2. 设备命名规则

汇川控制器的命名规则，即型号代号，如图 2-7 所示。

$$\underset{①\;②}{\underline{H1S}}-\underset{③\;④}{\underline{0806}}\,\underset{⑤\;⑥\;⑦}{\underline{MRD}}-\underset{⑧}{\underline{XP}}$$

图 2-7　汇川控制器的型号代号

说明：
① 公司代号，H：汇川。
② 系列号，1S：第一代控制器。
③ 输入点数，08：8 点输入。
④ 输出点数，06：6 点输出。
⑤ 模块分类，M：通用控制器主模块；P：定位型控制器；N：网络型控制器；E：扩展模块。
⑥ 输出类型，R：继电器输出类型；T：晶体管输出类型。
⑦ 供电电源类型，A：AC 220V 输入，省略为默认 AC 220V 输入；B：AC 110V 输入；C：AC 24V 输入；D：DC 24V 输入。
⑧ 特殊标识位，XP：辅助版本号。

3. PLC 的硬件组成

PLC 的硬件主要由中央处理器（CPU）、存储器、输入单元、输出单元、通信接口、扩展接口及电源等组成。CPU 是 PLC 的核心，输入单元与输出单元是连接现场输入 / 输出设备与 CPU 之间的接口电路，通信接口用于与编程器、上位计算机等外部设备连接。整体式 PLC 将所有部件都装在同一个机壳内，其结构组成如图 2-8 所示。

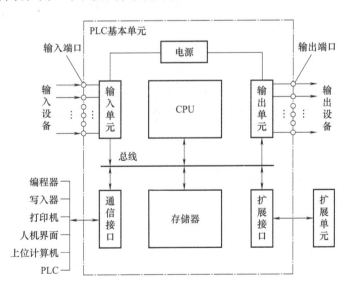

图 2-8　整体式 PLC 的结构组成

4. PLC 的工作原理

PLC 的用户程序执行采用的是循环扫描工作方式，即 PLC 对用户程序逐条顺序执行，直至程序结束，然后再从头开始扫描，周而复始，直至停止执行用户程序。PLC 有 2 种工作模式，即运行模式（RUN）和停止模式（STOP），如图 2-9 所示。

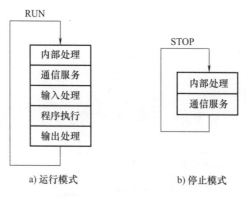

图 2-9　PLC 的工作模式

（1）运行模式　在运行模式下，PLC 对用户程序的循环扫描过程一般分为 3 个阶段，即输入采样阶段、程序执行阶段和输出刷新阶段，如图 2-10 所示。

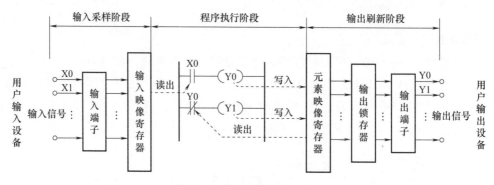

图 2-10　PLC 执行程序过程

（2）停止模式　在停止模式下，PLC 只进行内部处理和通信服务工作。在内部处理阶段，PLC 检查 CPU 模块内部的硬件是否正常，进行监控定时器复位工作。在通信服务阶段，PLC 与其他带 CPU 的智能装置通信。

5. 设备外部特征

汇川可编程控制器整体外部特征如图 2-11 所示。

6. 选择可编程控制器的方法

可编程控制器（PLC）技术在工业控制领域得到了广泛应用，因此可编程控制器的种类越来越多，功能也日趋完善。即使同一系列的控制器，在结构、性能、容量、指令系统、编程方式、价格及适用场所上也都有所不同。

1）根据自身设备的控制要求来选择控制器。所选择的控制器要在运行可靠、维护方便的前提下有较高的性价比。

2）控制器容量选择，这里的容量指的是 I/O 点数和用户程序存储容量。I/O 点数选择要在满足自身控制要求的基础上留有一定的备用量；用户程序存储容量是根据用户程序长短来定的，一般要留出适当的余量（20% ~ 30%）。

3）I/O 模块要根据控制要求进行选择，从输入 / 输出的信号类型、工作电压及接线方式方面进行考虑。

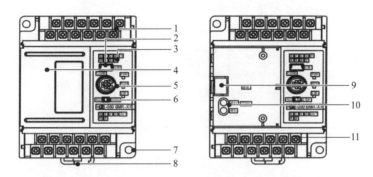

图 2-11　汇川可编程控制器整体外部特征

1—电源、辅助电源、输入信号端子　2—USB 程序下载口（调试监视用）　3—控制状态指示灯

4—大翻盖（可进行拆卸）　5—用户程序下载口（COM）　6—RUN/STOP 切换开关

7—安装螺钉孔　8—DIN 导轨安装卡口　9—系统程序下载口（非专业人员请勿操作）

10—485 通信（COM1）接线端子　11—输出信号端子

7. 编程手册下载

扫描二维码下载 PLC 相关手册（https://www.inovance.com/hc/index）

2.1.3　空气开关

空气开关如图 2-12 所示。

1. 用途

空气开关，又称断路器，是一个开关和保护电路的组合体，可用来接通和分断负载电路，也可以用来控制不频繁起动的电动机。对电器和电气设备有电路过载、漏电和失电的保护作用。

2. 分类

空气开关分为电磁式空气开关、热元件式空气开关和复式脱钩空气开关。

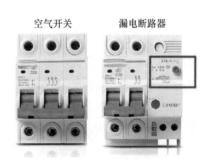

图 2-12　空气开关

2.1.4　熔断器

熔断器底座与熔体如图 2-13 所示。

图 2-13　熔断器底座与熔体

1. 用途

熔断器的用途是短路保护。

2. 分类

1）按结构形式可分为开启式熔断器、半封闭式熔断器和封闭式熔断器。

2）按外壳内有无填料可分为有填料式熔断器和无填料式熔断器。

3）按熔体的替换和装拆情况可分为可拆式熔断器和不可拆式熔断器。

2.1.5　开关按钮

开关按钮如图 2-14 所示。

1. 用途

开关按钮的用途是发出改变电力拖动的控制动作的命令，如起动、停止等。

2. 分类

开关按钮可分为开启式、防护式、钥匙式等。

3. 选择

① 根据实际用途选择开关按钮的样式，如紧急式、钥匙式、指示灯式等。

② 根据现场的使用环境选择按钮开关的种类，如开启式、防水式、防腐式等。

图 2-14　开关按钮

③ 按工作状态和工作情况的要求，选择按钮开关的颜色。

2.2　变频器与触摸屏实训板

2.2.1　变频器与触摸屏实训板布局

变频器与触摸屏实训板布局如图 2-15 所示。

变频器与触摸屏实训板端子连接图如图 2-16 所示。

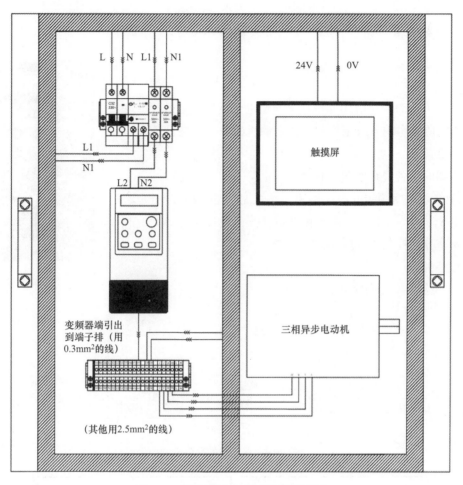

图 2-15　变频器与触摸屏实训板布局

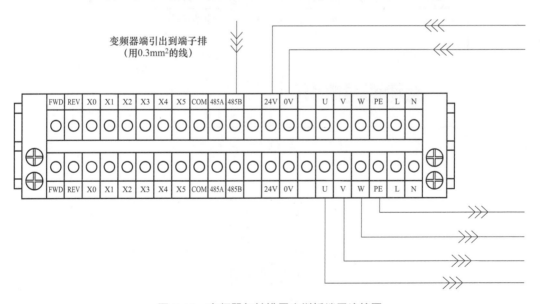

图 2-16　变频器与触摸屏实训板端子连接图

2.2.2 变频器

MT100 变频器如图 2-17 所示。

1. 用途

变频器（VFD）是应用变频技术与微电子技术，通过改变电动机工作电源频率的方式来控制交流电动机的电力控制设备。

2. 命名规则

变频器的命名规则如图 2-18 所示。

MT100 系列变频器的底层模块是高性能的电动机控制模块，它包含电压 - 频率控制、无速度传感器开环矢量控制（SVC）和电压、频率分离控制三种控制方式。

3. 设备铭牌

变频器铭牌含义说明如图 2-19 所示。

图 2-17　MT100 变频器

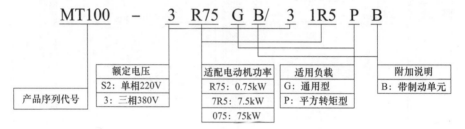

图 2-18　变频器的命名规则

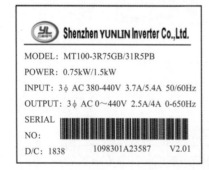

图 2-19　变频器铭牌含义说明

4. 变频器手册

扫描二维码下载变频器手册（http://yunlinelec.com/Uploads/files/mt100.pdf）

2.2.3　触摸屏（HMI）

TK6071IP 触摸屏如图 2-20 所示。

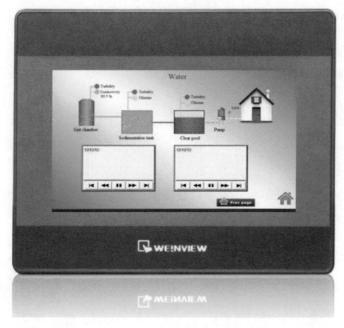

图 2-20　TK6071IP 触摸屏

1. 用途

工业触摸屏 HMI 是 Human Machine Interface 的英文首字母缩写，也称"人机接口"。工业触摸屏是系统和用户之间进行交互和信息交换的媒介，它实现信息的内部形式与人类可以接受的形式之间的转换。凡参与人机信息交流的领域都存在着工业触摸屏。工业触摸屏是实现操作人员同控制系统之间的对话及其相互作用的一种专用的设备。在传统控制系统中，PLC 的输入信号通常是各按钮和传感器，输出信号则是各种执行元件与指示元件。该系统的缺点为：

1）硬件的结构和连线多，因此易出现故障且维修不便。

2）缺少直观形象的画面显示。

3）硬件输入的设备多，操作烦琐，易出现失误操作产生的事故。

4）传统数值的输入方法多使用按键或 BCD 码数字的拨轮开关并配合相关功能的指令进行输入，显然这种方法使用不便且回显的内容少，参数检查和修改很麻烦。

工业级的人机界面能取代传统控制面板的多数功能，使用时可以节省 PLC 的 I/O 模板、按钮、数字设定及指示灯等，还能立即显示所有重要信息。操作时，只须按下控制元件即可实现对机器的操作。触摸屏画面可根据实际需要进行设计，不会引起失误操作。软件的编程可滞后于系统的配置，程序可进行改动，就算投产后也可以更改程序，且硬件无须改变。

2. 触摸屏手册

扫描二维码下载触摸屏相关软件与手册（https://www.weinview.cn/download.aspx?nid=31&typeid=89）

2.2.4　三相异步电动机

三相异步电动机如图 2-21 所示。

1. 用途

三相异步电动机由于具有结构简单、价格低廉、坚固耐用、使用和维护方便等优点，在工业和农业等各个生产领域得到了广泛应用。

2. 分类

三相异步电动机分类方法很多，按防护形式可分为开启式异步电动机、防护式异步电动机和封闭式异步电动机；按转子结构可分为笼型异步电动机和绕线型异步电动机。笼型异步电动机又可分为单笼式异步电动机、双笼式异步电动机和深槽式异步电动机。按电压高低可分为高压电动机和低压电动机；按安装方式可分为立式电动机和卧式电动机等。

图 2-21　三相异步电动机

3. 三相异步电动机的两种接线方法

三相异步电动机星形接法和三角形接法如图 2-22 所示。

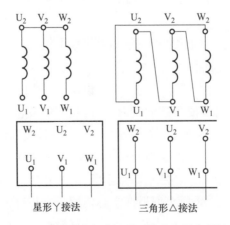

图 2-22　三相异步电动机星形接法和三角形接法

18

2.3　步进驱动实训板、步进驱动器、步进电动机

步进驱动实训板布局如图 2-23 所示。步进驱动实训板端子连接图如图 2-24 所示。步进驱动器与步进电动机如图 2-25 所示。

1. 用途

步进电动机驱动器通过接收控制器（如 PLC）发出的高速脉冲信号后，将高速脉冲信号转换成步进电动机所需的强电流信号，带动步进电动机运转。

2. 分类

步进电动机从构造上可分为反应式步进电动机、永磁式步进电动机和混合式步进电动机；按定子上相数来分，有单相步进电动机、二相步进电动机、三相步进电动机、四相步进电动机和五相步进电动机。

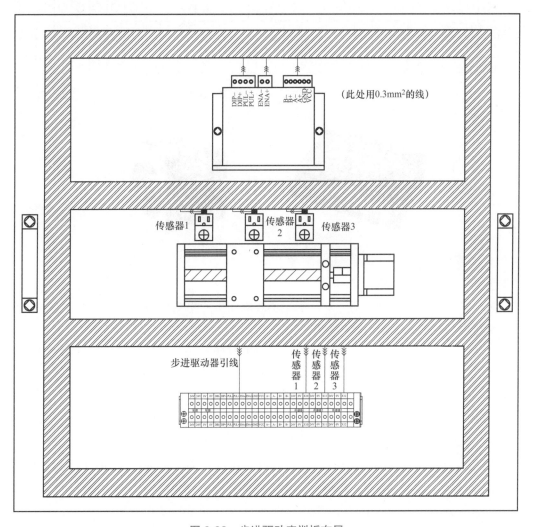

图 2-23　步进驱动实训板布局

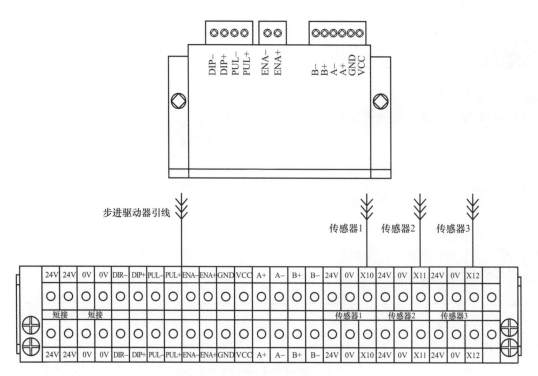

图 2-24　步进驱动实训板端子连接图

图 2-25　步进驱动器与步进电动机

3. 步进电动机的步距角

两相步进电动机的步距角为 1.8°、三相步进电动机的步距角为 1.2°、三相六拍驱动方式运行的步进电动机的步距角运算公式为

$$Q = 360°/(MZK)$$

其中，

M——电动机相数；

Z——转子齿数；

K——系数；三相三拍和四相四拍的 $K=1$；三相六拍和四相八拍的 $K=2$。

在四相电动机中，四相四拍的运行方式为 AB-BC-CD-DA-AB，四相八拍的运行方式为 A-AB-B-BC-C-CD-D-DA-A，以转子齿数为 50 齿的电动机为例，四拍运行时步距角为 $\theta=360°/(50\times4)=1.8°$，八拍运行时步距角为 $\theta=360°/(50\times4\times2)=0.9°$。

细分后的步距角 =360°/ 每圈所需的脉冲个数

4. 步进系统配线图

步进系统配线图如图 2-26 所示。

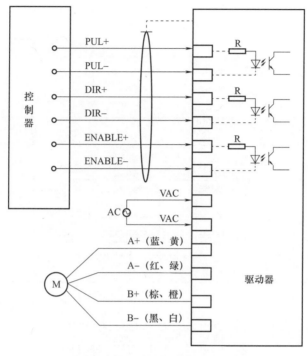

图 2-26　步进系统配线图

2.4　伺服驱动实训板

伺服驱动实训板布局如图 2-27 所示。伺服驱动实训板端子连接图如图 2-28 所示。

2.4.1　伺服驱动器

伺服驱动器如图 2-29 所示。

伺服驱动器的用途一般是通过位置、速度和力矩三种方式对伺服电动机进行控制，实现高精度的传动系统定位。

2.4.2　伺服电动机

伺服电动机如图 2-30 所示。

1. 用途

伺服电动机是一种通过数字化控制的电动机，它能够将电能转换为机械能，用于定位控制。

2. 分类

伺服电动机可以分为交流伺服电动机和直流伺服电动机，交流伺服电动机又可以分为笼型交流伺服电动机、齿轮减速笼型交流伺服电动机、非磁性杯型交流伺服电动机、带有定位

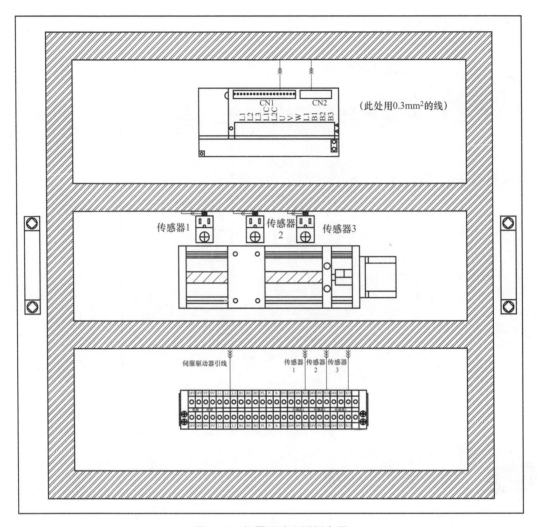

图 2-27　伺服驱动实训板布局

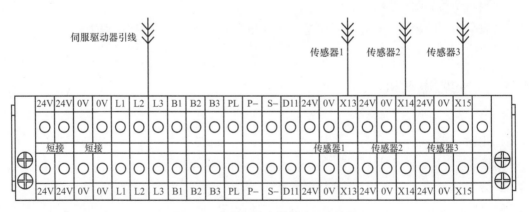

图 2-28　伺服驱动实训板端子连接图

装置的笼型交流伺服电动机，直流伺服电动机又可以分为有槽电枢（电磁或永磁）直流伺服电动机、无槽电枢（电磁式或永磁）直流伺服电动机、齿轮减速永磁式直流伺服电动机、空心杯形电枢（永磁式）直流伺服电动机、直流伺服电动机／永磁式直线伺服电动机、印刷绕组电枢（永磁式）直流伺服电动机、无刷电枢（永磁式）直流伺服电动机。

图 2-29　伺服驱动器

图 2-30　伺服电动机

2.4.3　系统配线图

伺服系统配线图如图 2-31 所示。

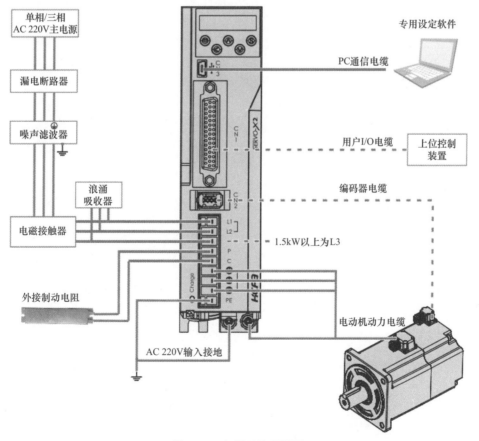

图 2-31　伺服系统配线图

2.4.4 伺服驱动器手册

禾川系列
（https://www.hcfa.cn/）

东菱系列
（http://www.dorna.com.cn/plus/list.php?tid=5）

扫描二维码下载伺服驱动器手册

CHAPTER 3

第 3 章

常用作业工具

常用电工工具如图 3-1 所示。

图 3-1　常用电工工具

常用电工工具的定义：一般电工专业都要使用的工具。

常用电工工具的分类：验电器、螺钉旋具、钢丝钳、尖嘴钳、断线钳、剥线钳、电工刀、活动扳手等。

3.1　低压验电器（测电笔）

测电笔如图 3-2 所示。

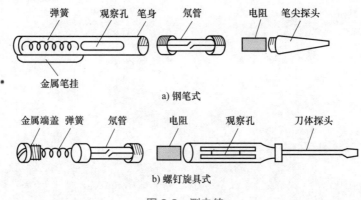

a) 钢笔式

b) 螺钉旋具式

图 3-2　测电笔

1) 分类：钢笔式、螺钉旋具式。

2) 结构：氖管、电阻、弹簧、笔身、笔体。

3) 测试范围：60 ~ 500V。

4) 使用方法：将笔握妥，用手指触及笔尾金属体，使氖泡小窗背光朝自己，只要带电体与大地之间的电位差超过 60V，氖泡就发光。

5) 安全知识：

① 使用前应在已知带电体上测试，证明是否工作良好。

② 使用时，应使验电器逐渐靠近被测物体，直到氖泡发亮，只有在氖泡不发亮时，人体才能与被测物体接触。

③ 测试时，手不能触及笔体的金属部位。

6）作用。

① 区别电压高低：根据氖泡发光强弱来判断。

② 区别相线和零线：发光的为相线，不发光的为零线（正常情况）。

③ 区别直流电和交流电：氖泡两极同时发光的是交流电，只有一个发光的是直流电。

④ 区别直流电正、负极：发光的一极为负极。

⑤ 识别相线碰壳：碰击电动机、变压器外壳，如果发光，说明该设备相线有碰壳现象。

3.2　螺钉旋具

螺钉旋具（螺丝刀）如图 3-3 所示。

1）定义：紧固或拆卸螺钉的工具。目前使用较广泛的为磁性旋具（木质绝缘柄、塑胶绝缘柄），在金属杆的刀口端焊有磁性金属材料，可以吸住待拧紧的螺钉，准确定位。

图 3-3　螺钉旋具

2）样式：一字形、十字形。

3）使用方法。

① 大螺钉旋具：大拇指、食指和中指夹住握柄，手掌顶住柄的末端，防止旋具转动时滑脱。

② 小螺钉旋具：用手指顶住木柄末端捻旋。

③ 较长螺钉旋具：右手压紧并转动手柄，左手握住螺钉旋具中间。左手不得放在螺钉周围，防止将手划伤。

4）安全知识：

① 电工不可以使用金属杆直通柄顶的螺钉旋具，易触电。

② 使用螺钉旋具紧固和拆卸带电螺钉时，手不得触及金属杆，以免发生触电事故。

③ 应在金属杆上穿套绝缘管。

3.3　电烙铁

电烙铁如图 3-4 所示。

1）用途：是电子制作和电器维修的必备工具，主要用途是焊接元件及导线。

2）分类：按机械结构可分为内热式电烙铁和外热式电烙铁，按功能可分为无吸锡电烙铁和吸锡式电烙铁，根据用途不同又可分为大功率电烙铁和小功率电烙铁。

3）规格：常用的有 25W、45W、75W、100W 等。

4）安全知识：

① 在使用过程中不要甩电烙铁，防止烙铁头脱落造成事故。

② 尽可能避免将烙铁心摔在地上。

③ 焊接完毕，烙铁头上的残留焊锡应该继续保留，以防止再次加热时出现氧化层。

④ 经常用湿抹布、浸水海绵擦拭烙铁头，以保持烙铁头良好的上锡性能，并防止残留助焊剂对烙铁头的腐蚀。

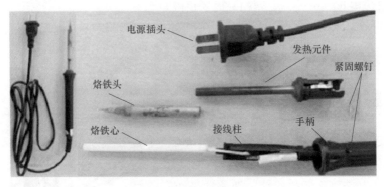

图 3-4　电烙铁

3.4　压线钳

压线钳如图 3-5 所示。

1）作用：

① 用来压制导线"线鼻"（接线端子：裸端端子、绝缘端子、闭端子……）。

② 小直径压线钳（直径为 1 ~ 6mm）的钳口有多个半圆、六棱形牙口，将线鼻压制嵌入导线内。

③ 大直径压线钳压制"线鼻"（直径为 12 ~ 90mm），一般为液压钳。

图 3-5　压线钳

2）结构及适用场合：采用凸凹虎压口设计，适用于较小直径导线与冷压端子进行连接固定。

3）安全知识：

① 检查所压端子与导线规格是否匹配。

② 压制端子时，查看压线钳是否符合所压端子的类型。

③ 压制端子时，查看所选用的槽口是否符合规格。

④ 压线钳使用时如被卡死，可将手柄与钳子连接处的小挡板向钳子方向移动，则钳子自动松开。

3.5 断线钳（斜口钳）

断线钳如图 3-6 所示。

1）作用：剪断较粗的金属丝、线材及导线电缆。

2）分类：铁柄断线钳、管柄断线钳、绝缘柄断线钳（耐压 500V）。

3）安全知识：

① 带电作业时，手不要触及钳头。

② 带电作业时，检查绝缘柄的好坏。

图 3-6 断线钳

3.6 剥线钳

剥线钳如图 3-7 所示。

1）作用：剥削小直径导线的绝缘层。

2）耐压等级：500V。

3）使用方法：将要剥削的导线绝缘层长度用标尺确定好后，即可把导线放入相应的刃口中（比导线直径稍大），用手将钳柄握紧，绝缘层被割破，然后手动拔出。

图 3-7 剥线钳

3.7 万用表

数字万用表如图 3-8 所示。

1. 交流电压测量

1）将红表笔插入"VΩ"插孔，黑表笔插入"COM"插孔。

2）正确选择量程，将功能开关置于 ACV 交流电压量程档，如果事先不清楚被测电压的大小，应先选择最高量程档，然后根据读数需要逐步调低测量量程档。

3）将测试笔并联到待测电源或负载上，从显示器上读取测量结果。

图 3-8 数字万用表

⚠ **注意:**

1）如果事先对被测电压范围没有概念，应将量程开关转到最高档位，然后根据显示值转至相应档位。

2）未测量时，小电压档有残留数字属于正常现象，不影响测量，如果测量时高位显示"1"，则表明已超过量程范围，须将量程开关转至较高档位上。

3）输入电压切勿超过700V_{rms}（V_{rms}指电压的有效值），如果超过，则有损坏仪表线路的危险。

4）当测量高压电路时，应注意避免触及高压电路。

2. 直流电压测量

1）将红表笔插入"VΩ"插孔，黑表笔插入"COM"插孔。

2）正确选择量程，将功能开关置于DCV直流电压量程档，如果事先不清楚被测电压的大小，应先选择最高量程档，然后根据读数需要逐步调低测量量程档。

3）将测试笔并联到待测电源或负载上，从显示器上读取测量结果。

⚠ **注意:**

1）如果事先对被测电压范围没有概念，应将量程开关转到最高档位，然后根据显示值转至相应档位。

2）未测量时，小电压档有残留数字属于正常现象，不影响测量，如果测量时高位显示"1"，则表明已超过量程范围，须将量程开关转至较高档位。

3）输入电压切勿超过1000V，如果超过，则有损坏仪表线路的危险。

4）当测量高压电路时，应注意避免触及高压电路。

3. 直流电流测量

1）将黑表笔插入"COM"插孔；红表笔插入"mA"插孔（最大为2A），或红表笔插入"20A"（最大为20A）。

2）将量程开关转至相应的DCA档位上，然后将仪表串联到被测电路中，被测电流值和红表笔点的电流极性将同时显示在屏幕上。

⚠ **注意:**

1）如果事先对被测电压范围没有概念，应将量程开关转到最高档位，然后根据显示值转至相应档位。

2）如果LCD显示"1"，则表明已超过量程范围，须将量程开关调高一档。

3）最大输入电流为2A或20A（视红表笔插入位置而定），过大的电流会将熔丝（也称保险丝）熔断。在测量20A时要注意，该档位没有保护。连续测量大电流将会使电路发热，影响测量精度甚至损坏仪表。

4. 电阻测量

1）将黑表笔插入"COM"插孔，红表笔插入 V/Ω/Hz 插孔。

2）将所测开关转至相应的电阻量程上，将两表笔跨接在被测电阻上。

> ⚠ **注意：**
>
> 　1）如果电阻值超过所选的量程值，则会显示"1"，这时应将开关转高一档；当测量电阻值超过 1MΩ 以上时，读数需几秒钟时间才能稳定，这在测量高电阻值时是正常的。
>
> 　2）当输入端开路时，则显示过载情形。
>
> 　3）测量在线电阻时，要先确认被测电路所有电源已关闭且所有电容都已完全放电，才可进行。
>
> 　4）请勿在电阻量程输入电压。

5. 注意事项

1）该仪表是一台精密仪器，使用者不要随意更改电路。

2）不要将高于 1000V 的直流电压或 700V 的交流电压接入。

3）不要在量程开关为 Ω 位置时，去测量电压值。

4）在电池没有装好或后盖没有盖紧时，不要使用此表进行测量工作。

5）在更换电池或保险丝前，要将测量表笔从测量点移开，并关闭电源开关。

6. 电池更换

注意 9V 电池的使用情况，当 LCD 显示"🔋"符号时，应更换电池，步骤如下：

1）按指示拧动后盖上电池门的两个固定锁钉，退出电池门。

2）取下 9V 电池，换上新的电池，虽然可使用任何标准 9V 电池，但为了加长使用时间，最好使用碱性电池。

3）如果长时间不用仪表，应取出电池。

CHAPTER 4

第 4 章

设备安装工艺规范

4.1　元件、槽板的安装要求

1. 元件安装要求

1）排列整齐。

2）间距合理。

3）便于更换。

2. 槽板安装要求

1）横平竖直。

2）整齐均匀。

3）安装牢固。

4）便于走线。

元件、槽板的安装效果如图 4-1 所示。

图 4-1　元件、槽板的安装效果

4.2　布线工艺要求

布线工艺要求见表 4-1。

表 4-1　布线工艺要求

序号	说　　明	图　　示
1	断路器、熔断器的受电端子应安装在控制板外侧	受电端子
2	各元器件的安装位置应整齐、均匀、间距合理，以便于元件的更换	
3	安装各元件时，用力要均匀，紧固程度适当，勿损坏元件	
4	导轨截断时，截口应平直并垂直于导轨，端头应倒角无毛刺	
5	同一直线的导轨不允许两段连接，每节导轨的固定点不应少于 2 个	安装底板　电气导轨　电气箱　弹垫和平垫
6	导轨铺设必须保证水平或垂直，全长最大允许偏差为 ±1mm	

（续）

序号	说　明	图　示
7	布线通道要尽可能少，同路并行导线按主电路和控制电路分类集中，单层密排，紧贴安装面布线 　　主电路和控制电路应分开敷设	 红色为主电路，绿色为控制电路
8	同一平面的导线应高低一致或前后一致，不能交叉。无法避免交叉时，导线应在接线端子引出时就水平架空跨越，且必须走线合理	
9	布线顺序一般以接触器为中心，按由里向外、由低至高，先控制电路、后主电路的顺序进行，以不妨碍后续布线为原则	
10	布线应横平竖直、分布均匀。变换走向时应垂直转向	
11	布线时严禁损伤线芯和导线绝缘层	
12	在每根剥去绝缘层的导线的两端套上编码套管	

（续）

序号	说　　明	图　　示
13	1）号码管水平方向或置于接线端子左右两侧时，号码管文字方向从左往右读取 2）号码管垂直方向或置于接线端子上下两侧时，号码管文字方向从下往上读取 3）当套管方向在 1、3 角时，文字方向从下往上读取 4）当套管方向在 2、4 角时，文字方向从上往下读取	
14	所有从一个接线端子到另一个接线端子的导线必须连续，中间无中断、无接头	两端子间线路无中断、无接头
15	导线与接线端子连接时，应不压绝缘层、不反圈及不露铜过长	不压绝缘层、不露铜过长等

（续）

序号	说　　明	图　　示
16	同一元件、同一回路不同接点的导线间距离应保持一致	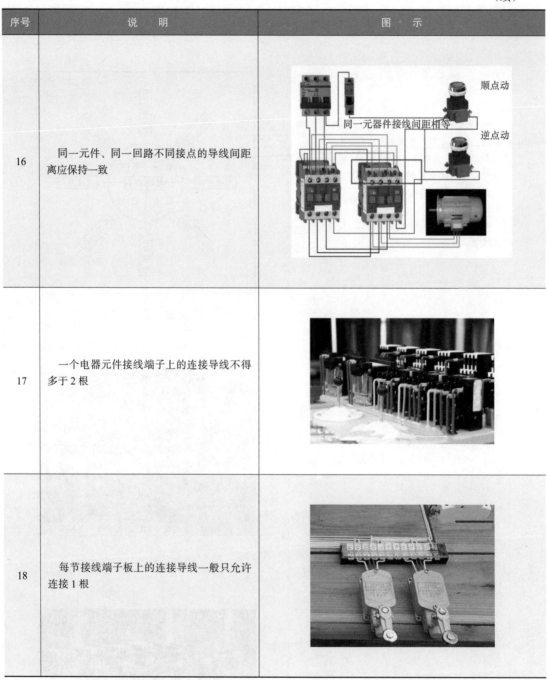
17	一个电器元件接线端子上的连接导线不得多于 2 根	
18	每节接线端子板上的连接导线一般只允许连接 1 根	

4.3　技能大赛工艺规范

技能大赛工艺规范见表 4-2。

表 4-2　技能大赛工艺规范

序号	安装部位	技术规范与要求	示　例	
			合　格	不　合　格
1	工具使用	工具要在专门的实训台上分类摆放好		
2	输送机机架	输送机支架与安装台台面垂直，不倾斜		
3	支架与机架固定螺钉	要使固定螺钉产生较大的静摩擦力矩，保证支架与机架之间的连接，因此固定螺钉之间的距离应尽量大		
4	输送带调节	调节输送带后，调节螺钉应水平，支架与输送机机架的连接螺钉要拧紧且上侧面与机架平齐输送带主、副辊轴（辊轴也称罗拉，指机器上能滚动的圆柱形机械组件的统称）平行，输送带松紧适度，运行时输送带不跑偏		

（续）

序号	安装部位	技术规范与要求	示例	
			合格	不合格
5	拖动电动机的安装支架	拖动电动机安装支架的底座与安装平台之间应垫上防震垫		
6	输送机机架的高度	输送机机架安装高度要从机架的前、后、左、右四个位置测量，最大尺寸与最小尺寸的差 ≤ 1mm		
7	电动机轴与输送带主辊轴的连接	电动机轴轴径与输送带主辊轴轴线应为同一水平直线，防止运行时输送机和电动机跳动		
8	输送机上安装的传感器	输送机上传感器的安装高度以能准确检测到物件为宜。与输送带距离太大，则不能准确检测物件；与输送带距离太小，则影响物件通过		
9	检测传感器	出料槽与输送机支架结合处应过渡平滑，无缝隙，不影响物料进入出料槽		

（续）

序号	安装部位	技术规范与要求	示　例	
			合　格	不　合　格
10	推杆气缸	输送机上出料气缸安装孔的中心线与传感器支架上推头出入孔的中心线应在同一水平线上，不能上下、左右偏移，影响气缸活塞杆的运动		
11	机械手机架	机架两立柱平行且与安装台台面垂直		
12	模块固定	安装完成的模块要稳固，不能有晃动或异响		

（续）

序号	安装部位	技术规范与要求	示 例	
			合 格	不 合 格
13	警示灯的安装高度和立柱	1）在没有标示安装高度的标尺时，警示灯不能被设备的其他硬件遮挡，应安装在能全部看见警示灯报警的显著位置 2）警示灯立柱应垂直于安装平台，且应贴紧安装台面，不能悬空 3）警示灯立柱应竖直，不能前后、左右倾斜		
14	固定螺栓	传感器支架和固定支架的固定螺栓应螺栓头在上，不能相反		
15	行线槽的固定	安装在平台上的行线槽，距两端≤50mm处应有螺钉固定，中部螺钉固定点之间的距离应为400～600mm 行线槽的长度不能超过安装平台的长度		

（续）

序号	安装部位	技术规范与要求	示例	
			合 格	不 合 格
16	行线槽的转角	行线槽转角为 90° 时，无论是底槽还是盖板，都应切 45° 斜口，且拼接缝隙 ≤ 1mm		
17	行线槽的 T 形分支及切口	行线槽 T 形安装时，分支底槽应插入主槽 10 ~ 20mm，或两个 45° 斜切口组成 90° 接口；盖板可不插入，接缝处缝隙 ≤ 2mm 行线槽裁切时应切得平行，不能有尖角和凹凸不平		
18	型材封边及切口	所有型材端部都应加装封盖，切口必须平滑无毛刺		
19	气源组件	气源组件应正立安装，各零件不能倾斜		

（续）

序号	安装部位	技术规范与要求	示　例	
			合　格	不　合　格
20	导线及绝缘层	传感器不用芯线应剪掉，并用热塑管套住或用绝缘胶带包裹在护套绝缘层的根部，不可裸露 传感器芯线的绝缘层应完好，不能有损伤		
21	导线进入行线槽	导线芯线进入行线槽应与行线槽垂直，且不交叉 导线外露部分不能太长或太短		
22	行线槽的导线	导线不能延伸出行线槽且不宜过长，预留长度不宜超过100～200mm，避免造成浪费，预留的导线应折好放进行线槽里		

（续）

序号	安装部位	技术规范与要求	示 例	
			合　格	不　合　格
23	行线槽	行线槽必须全部合实，所有槽齿必须盖严		
24	冷压端子	冷压端子处不能看到外露的裸线 将冷压端子插入终端模块		
25	冷端压子	一个冷压端子不能同时压两条线		

（续）

序号	安装部位	技术规范与要求	示例	
			合　格	不　合　格
26	绑扎	当电缆、光纤电缆和气管都作用于同一个活动模块时，允许绑扎在一起		一
27	第一个绑扎点绑扎	第一个绑扎点距器件高应为3～4cm。距离太小容易折断导线；距离太大显得凌乱		
28	绑扎点之间的距离	一束导线绑扎点之间的距离应一致，以≤50mm为宜。间距小浪费绑扎带；间距大没有绑扎效果		
29	绑扎	绑扎带切割后剩余长度需≤1mm，以免伤人		

（续）

序号	安装部位	技术规范与要求	示例	
			合格	不合格
30	导线梳理	绑扎在一起的导线应理顺，而且要做到条理分明，不能交叉		
31	号码管	号码管要与导线规格一致，标注要清晰明亮，方向要一致（可以遵循从上到下、从左到右的原则）		
32	线夹子固定导线束	未进入行线槽而露在安装台台面的导线，应使用线夹子固定在台面上或部件的支架上，不能直接塞入铝合金型材的安装槽		
33	线夹子固定导线束	所有电缆、气管和电线都必须使用线缆托架进行固定。可以进行短连接。如果可以将线缆切割到合适的长度，则不允许留线圈		

（续）

序号	安装部位	技术规范与要求	示例	
			合　格	不　合　格
34	工具使用	工具不得遗留在工作站上或工作区域的地面上 工作站上不得留有未使用的零部件和工件		
35	环境卫生	工作站、周围区域及工作站下方应干净整洁（用扫帚打扫干净）		

CHAPTER 5

第 5 章

现场 6S 管理

现场 6S 管理要求见表 5-1。

表 5-1　现场 6S 管理要求

序号	项目	详情	合格	不合格
1	整理	根据元器件明细表准备工具与元器件	工具、元器件与清单一致	多领或少领工具与元器件
		根据工具使用规范使用工具	正确握法	错误握法
		根据工艺要求安装元器件	正确安装元器件	损坏元器件
2	整顿	将物品整齐放置在指定的位置		
		按电路图进行接线及操作	按图接线	不按图接线
3	清扫	实训结束时将实训区域清扫干净		
		将连接的导线拆除		

（续）

序号	项目	详　情	合　格	不　合　格
4	清洁	清理现场杂物		
		规范摆放操作工具		
5	安全	了解用电常识、急救知识，严禁违规操作		如私接电线等危险行为
		按规定着装穿着		
6	素养	不迟到早退 因特殊原因无法参加实训需提前请假服从管理，按要求进行实操 团结同学，互帮互助	—	—

CHAPTER 6

第6章

实训任务

6.1 传感器篇

项目1 2线式传感器编程实训

【工作情景】

某一快递公司的快递传送带设备需要进行调试。这条传送带有一个传感器作为快递通过指示，要求在按下启动按钮后先由电动机传送部分进行转动传送快递；每通过一件快递，传感器感应一次，第10件快递通过时要有相应的指示灯显示，再过1s，清除之前的快递数量，重新计数；按下停止按钮时，电动机停止，快递通过指示灯熄灭。现在，硬件已经安装完毕，需要编程人员对此进行编程，以便设备可以正常投入使用。

【工作任务】

2线式传感器编程实训。

【完成时间】

此工作任务完成时间为6课时，指导性课时安排见项表1-1。

项表1-1 指导性课时安排

课　时	内　容	备　注
1～3	引入课题、了解传感器原理、绘制I/O分配表与接线图、熟悉编程操作、进行项目编程练习	
4～6	编程实训，进行项目扩展练习	

【任务目标】

有2盏灯，通过PLC控制设计传感器感应快递通过数量指示控制。

【任务要求】

1）绘制I/O分配表与接线图。

2）以6S作业规范来实施项目。

3）掌握2线式传感器的工作原理。

4）完成2线式传感器控制的程序编写。

5）完成通电前的线路排查。

6）完成程序认证。

【学习目标】

1）掌握PLC软件一般编程使用步骤。

2）掌握I/O分配表的绘制方法。

3）掌握PLC与2线式传感器接线的方法。

4）掌握 2 线式传感器的工作原理。

5）掌握项目实施过程中的 6S 要点。

6）掌握项目实施安全规范标准。

【项目实施】

1. 项目实施流程（项图 1-1）

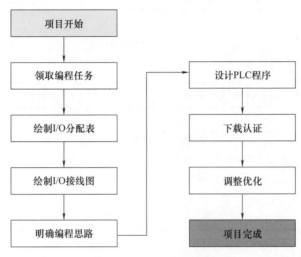

项图 1-1　项目实施流程

2. 写出 I/O 地址分配

本项目的 I/O 分配见项表 1-2。

项表 1-2　输入 / 输出（I/O）分配

输　　入		输　　出	
功　　能	PLC 地址	功　　能	PLC 地址
启动按钮	X0	电动机指示灯	Y0
停止按钮	X1	传感器指示灯	Y1
2 线式传感器	X2	—	—

3. 画出 PLC 的 I/O 接线图

本项目的 I/O 接线图如项图 1-2 所示。

4. 程序设计

根据 I/O 分配表及项目控制要求分析，画出本项目控制的梯形图。

项目编程思路分析见项表 1-3。

5. PLC 编程软件使用步骤（项表 1-4，需通电后才可以下载程序）

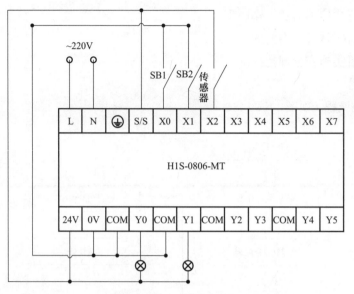

项图 1-2　项目 I/O 接线图

项表 1-3　项目编程思路分析

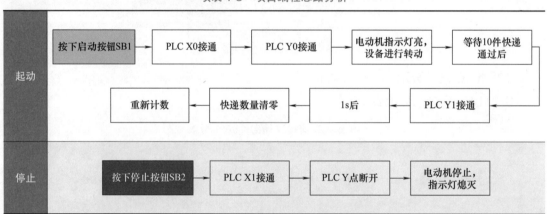

项表 1-4　PLC 编程软件使用步骤

步　骤	图　示	备　注
第 1 步：新建一个保存工程用的文件夹	汇川程序保存	—
第 2 步：双击打开软件	AUTO AutoShop	程序版本不同，图标可能不同

（续）

步　骤	图　示	备　注
第 3 步：新建工程	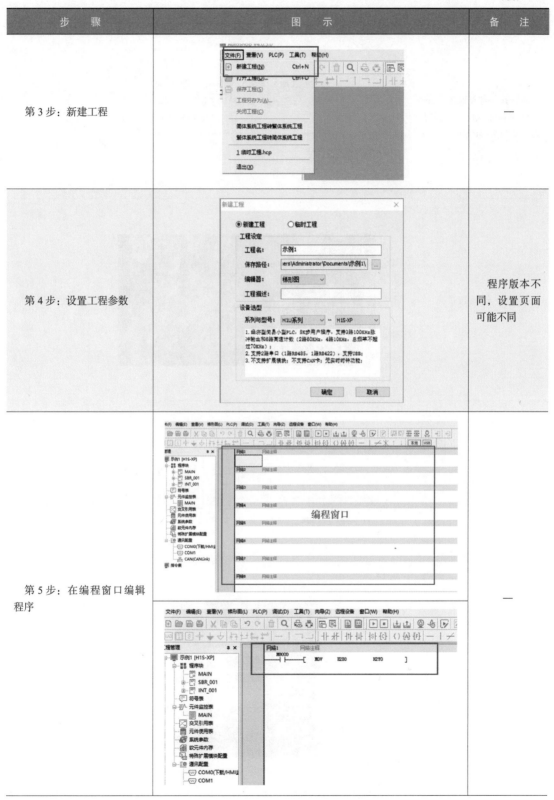	—
第 4 步：设置工程参数		程序版本不同，设置页面可能不同
第 5 步：在编程窗口编辑程序		—

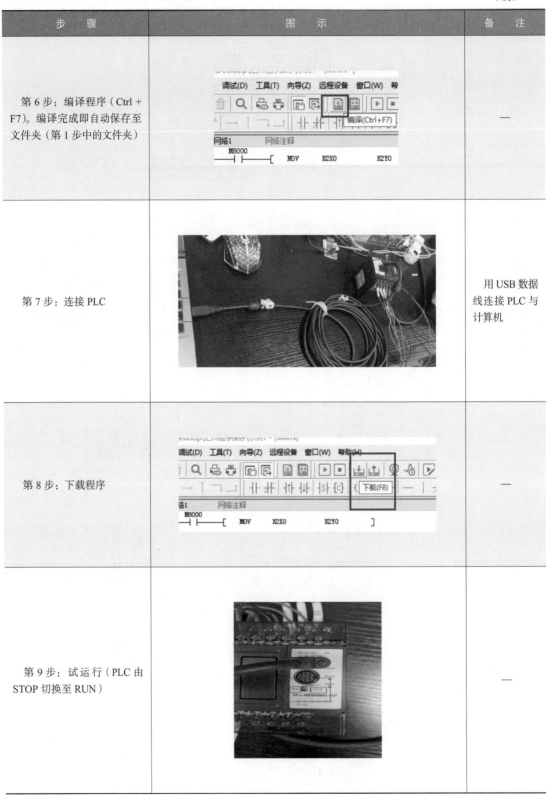

（续）

步　骤	图　示	备　注
第6步：编译程序（Ctrl＋F7）。编译完成即自动保存至文件夹（第1步中的文件夹）		—
第7步：连接PLC		用USB数据线连接PLC与计算机
第8步：下载程序		—
第9步：试运行（PLC由STOP切换至RUN）		—

6. 项目程序（项图 1-3）

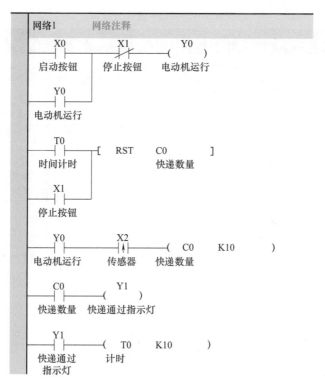

项图 1-3 项目程序

7. PLC 程序调试步骤（项表 1-5）

项表 1-5 PLC 程序调试步骤

操作步骤	操作内容	结果	6S
第 1 步	将 RUN/STOP 开关拨到 "STOP" 位置		爱护实训设备
第 2 步	插座取电, 合上漏电开关, PLC 实训板上电	PLC "PWR" 灯亮, 上电成功	用电安全
第 3 步	连接 PLC 与计算机, 将程序下载至 PLC 内		
第 4 步	将 RUN/STOP 开关拨到 "RUN" 位置	"RUN" 灯亮, 模式切换成功	爱护实训设备
第 5 步	按下启动按钮 SB1	Y0 接通, 电动机指示灯亮	用电安全
第 6 步	等待 10 件快递通过	传感器感应到物料, 指示灯亮	用电安全
第 7 步	按下停止按钮 SB2	Y0 断开, 电动机指示灯灭, 快递通过指示灯灭	用电安全
第 8 步	将 RUN/STOP 开关拨到 "STOP" 位置	"RUN" 灯灭, STOP 成功	用电安全
第 9 步	断开漏电开关, 拔掉插头, PLC 实训板断电		用电安全
第 10 步	整理实训板线路		恢复实训设备

8. 评分标准（项表1-6）

项表 1-6　项目实施评分标准

项目内容	配分	评分标准		评分依据	得分
职业素养	20分	遵守规章制度、劳动纪律		1）出勤 2）工作态度 3）劳动纪律 4）团队协作精神 5）6S	
		按时按质完成工作任务			
		积极主动承担工作任务，勤学好问			
		人身安全与设备安全			
		工作岗位 6S			
专业能力	60分	掌握项目 I/O 分配表的编写方法		1）操作的准确性与规范性 2）项目完成情况	
		掌握 2 线式传感器的工作原理			
		掌握项目实施过程中的 6S 要点			
		掌握项目实施安全规范标准			
		掌握 PLC 与 2 线式传感器的接线方法			
		熟练设计 2 线式传感器控制系统梯形图程序及调试方法			
		能独立完成项目程序的编写、输入、下载、调试等实训			
创新能力	20分	在任务过程中能提出自己的有见解的方案		1）方法可行性 2）建议合理性、创新性 3）题目关联性	
		在教学管理上能提出建议，具有合理性、创新性			
		在项目实施过程中，能根据项目设备设计关联题目，开展编程实训			
定额时间		0.5h，每超过 5min（不足 5min 以 5min 计）		扣 5 分	
备注		除了定额时间，各项目的最高扣分不应超过配分数		成绩	
开始时间			结束时间	实际时间	

9. 项目扩展

在程序设计、调试完成后，快递公司的老板提出了一个要求，希望可以记录传送带当天传送快递的数量。请根据控制要求编写 I/O 分配表和 I/O 接线图，并编写 PLC 程序。

1）I/O 分配表。

2）I/O 接线图。

3）PLC 程序。

项目 2　3 线式传感器（PNP）编程实训

【工作情景】

某公司的传送带设备需要进行调试。这条传送带有 1 个传感器作为金属物料通过指示，要求在按下启动按钮后先由电动机传送部分进行转动传送物料，当感应到金属物料时，要有相应的蜂鸣声；按下停止按钮时，设备停机。现在，硬件已经安装完毕，需要编程人员对此进行编程，以便设备可以正常投入使用。

【工作任务】

3 线式传感器（PNP）编程实训。

【完成时间】

此工作任务完成时间为 6 课时，指导性课时安排见项表 2-1。

项表 2-1　指导性课时安排

课　　时	内　　容	备　　注
1 ~ 3	引入课题、了解传感器原理、绘制 I/O 分配表与接线图、熟悉编程操作、进行项目编程练习	
4 ~ 6	编程实训，进行项目扩展练习	

【任务目标】

有 1 盏灯和 1 个蜂鸣器，通过 PLC 控制设计传感器指示控制。

【任务要求】

1）绘制 I/O 分配表与接线图。

2）以 6S 作业规范来实施项目。

3）掌握 3 线式传感器（PNP）的工作原理。

4）完成 3 线式传感器（PNP）控制的程序编写。

5）完成通电前的线路排查。

6）完成程序认证。

【学习目标】

1）掌握 PLC 软件一般编程使用步骤。

2）掌握 I/O 分配表的绘制方法。

3）掌握 PLC 与 3 线式传感器（PNP）的接线方法。

4）掌握 3 线式传感器（PNP）的工作原理。

5）掌握项目实施过程中的 6S 要点。

6）掌握项目实施安全规范标准。

【项目实施】

1. 项目实施流程（项图 2-1）

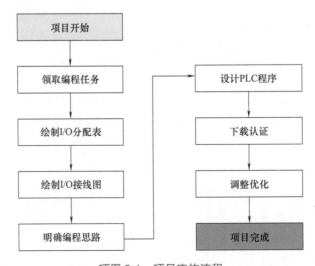

项图 2-1　项目实施流程

2. 写出 I/O 地址分配

本项目的 I/O 分配见项表 2-2。

项表 2-2　输入 / 输出（I/O）分配

输　　入		输　　出	
功　　能	PLC 地址	功　　能	PLC 地址
启动按钮	X0	电动机指示灯	Y0
停止按钮	X1	蜂鸣器	Y1
金属传感器	X2	—	—

3. 画出 PLC 的 I/O 接线图

本项目的 I/O 接线图如项图 2-2 所示。

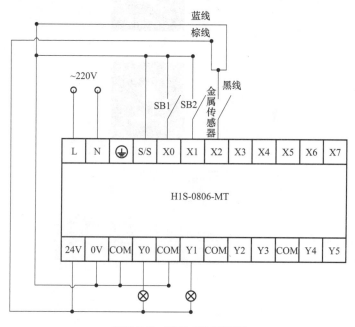

项图 2-2　项目 I/O 接线图

4. 程序设计

根据 I/O 分配表及项目控制要求分析，画出本项目控制的梯形图。

项目编程思路分析见项表 2-3。

项表 2-3　项目编程思路分析

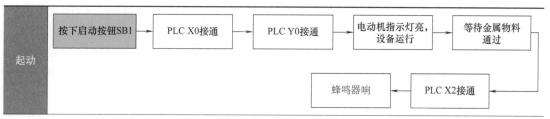

（续）

停止	按下停止按钮SB2 → PLC X1接通 → PLC Y点断开 → 电动机停止，指示灯熄灭		

5. PLC 编程软件使用步骤（项表 2-4，需通电后才可以下载程序）

项表 2-4　PLC 编程软件使用步骤

步　　骤	图　　示	备　　注
第1步：新建一个保存工程用的文件夹	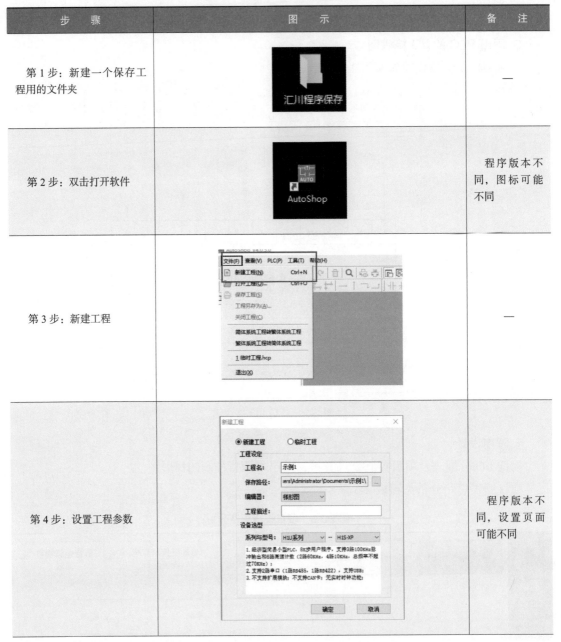	—
第2步：双击打开软件		程序版本不同，图标可能不同
第3步：新建工程		—
第4步：设置工程参数		程序版本不同，设置页面可能不同

（续）

步　骤	图　示	备　注
第 5 步：在编程窗口编辑程序	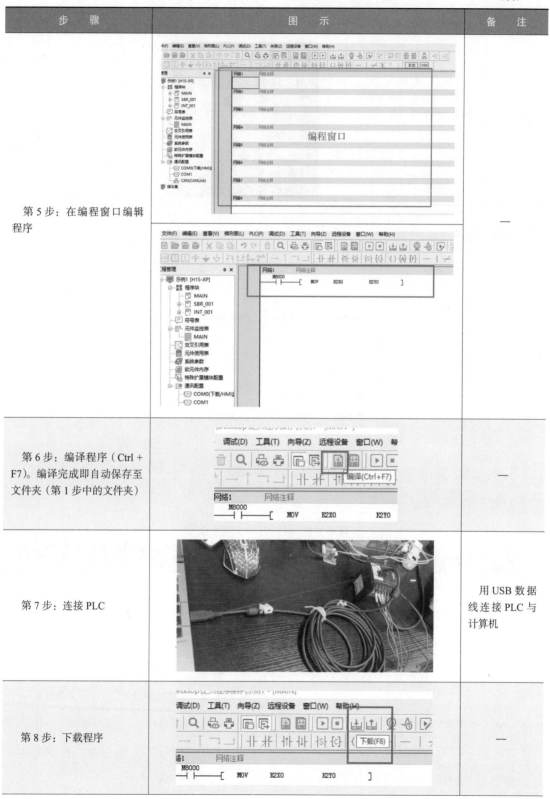	—
第 6 步：编译程序（Ctrl + F7）。编译完成即自动保存至文件夹（第 1 步中的文件夹）		—
第 7 步：连接 PLC		用 USB 数据线连接 PLC 与计算机
第 8 步：下载程序		—

（续）

步 骤	图 示	备 注
第9步：试运行（PLC由 STOP切换至RUN）	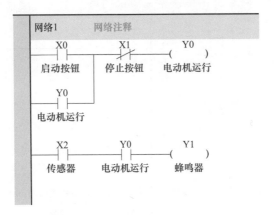	—

6. 项目程序（项图2-3）

```
网络1          网络注释
      X0          X1          Y0
     ─┤├─        ─┤/├─       ─(    )─
     启动按钮      停止按钮      电动机运行
      Y0
     ─┤├─
     电动机运行

      X2          Y0          Y1
     ─┤├─        ─┤├─        ─(    )─
     传感器       电动机运行     蜂鸣器
```

项图2-3　项目程序

7. PLC程序调试步骤（项表2-5）

项表2-5　PLC程序调试步骤

操作步骤	操作内容	结 果	6S
第1步	将RUN/STOP开关拨到"STOP"位置		爱护实训设备
第2步	插座取电，合上漏电开关，PLC实训板上电	PLC"PWR"灯亮，上电成功	用电安全
第3步	连接PLC与计算机，将程序下载至PLC内		
第4步	将RUN/STOP开关拨到"RUN"位置	"RUN"灯亮，模式切换成功	爱护实训设备
第5步	按下启动按钮SB1	Y0接通，电动机指示灯亮	用电安全
第6步	等待金属物料通过	Y1接通，蜂鸣器响	
第7步	按下停止按钮SB2	Y0断开，电动机指示灯灭	用电安全
第8步	将RUN/STOP开关拨到"STOP"位置	"RUN"灯灭，STOP成功	

（续）

操作步骤	操作内容	结 果	6S
第 9 步	断开漏电开关，拔掉插头，PLC 实训板断电		用电安全
第 10 步	整理实训板线路		恢复实训设备

8. 评分标准（项表 2-6）

项表 2-6　项目实施评分标准

项目内容	配分	评 分 标 准	评 分 依 据	得分
职业素养	20 分	遵守规章制度、劳动纪律 按时按质完成工作任务 积极主动承担工作任务，勤学好问 人身安全与设备安全 工作岗位 6S	1）出勤 2）工作态度 3）劳动纪律 4）团队协作精神 5）6S	
专业能力	60 分	掌握项目 I/O 分配表的编写方法 掌握 3 线式传感器（PNP）的工作原理 掌握项目实施过程中的 6S 要点 掌握项目实施安全规范标准 掌握 3 线式传感器（PNP）的接线方法 熟练设计 3 线式传感器（PNP）的系统梯形图程序及调试方法 能独立完成项目程序的编写、输入、下载、调试等实训	1）操作的准确性与规范性 2）项目完成情况	
创新能力	20 分	在任务过程中能提出自己的有见解的方案 在教学管理上能提出建议，具有合理性、创新性 在项目实施过程中，能根据项目设备设计关联题目，开展编程实训	1）方法可行性 2）建议合理性、创新性 3）题目关联性	
定额时间	0.5h，每超过 5min（不足 5min 以 5min 计）		扣 5 分	
备注	除了定额时间，各项目的最高扣分不应超过配分数		成绩	
开始时间		结束时间	实际时间	

9. 项目扩展

在程序设计、调试完成后，主管提出了一个要求，因为金属物料为不合格产品，要进行剔除；要求在检测到金属物料时，传送带要将金属物料运送到指定位置，等待剔除。请根据控制要求编写 I/O 分配表和 I/O 接线图，并编写 PLC 程序。

1）I/O 分配表。

2）I/O 接线图。

3）PLC 程序。

项目 3 3 线式传感器（NPN）编程实训

【工作情景】

某公司的传送带设备需要进行调试。这条传送带有 2 个传感器，分别为金属传感器和塑料传感器，要求在按下启动按钮后先由电动机传送部分进行转动传送物料，并进行物料检测，感应物料为金属，则运送至指定位置，由相应分拣气缸动作进行剔除，指示灯亮；感应物料为塑料，则继续运行 6s 后停机；按下停止按钮时，设备停机。现在，硬件已经安装完毕，需要编程人员对此进行编程，以便设备可以正常投入使用。

【工作任务】

3 线式传感器（NPN）编程实训。

【完成时间】

此工作任务完成时间为 6 课时，指导性课时安排见项表 3-1。

项表 3-1 指导性课时安排

课 时	内 容	备 注
1～3	引入课题、了解传感器原理、绘制 I/O 分配表与接线图、熟悉编程操作、进行项目编程练习	原理请参阅本书第 2 章
4～6	编程实训，项目扩展练习	

【任务目标】

有 2 盏灯，通过 PLC 控制设计传感器指示控制。

【任务要求】

1）绘制 I/O 分配表与接线图。

2）以 6S 作业规范来实施项目。

3）掌握 3 线式传感器（NPN）的工作原理。

4）完成 3 线式传感器（NPN）控制的程序编写。

5）完成通电前的线路排查。

6）完成程序认证。

7）严格按照第 1 章的安全规范标准实施本项目。

【学习目标】

1）掌握 PLC 软件一般编程使用步骤。

2）掌握 I/O 分配表的绘制方法。

3）掌握 PLC 与 3 线式传感器（NPN）的接线方法。

4）掌握 3 线式传感器（NPN）的工作原理。

5）掌握项目实施过程中的 6S 要点。

6）掌握项目实施安全规范标准。

【项目实施】

1. 项目实施流程（项图 3-1）

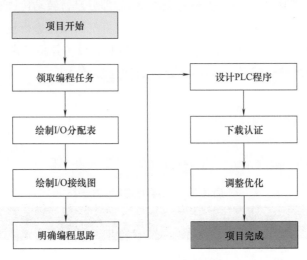

项图 3-1　项目实施流程

2. 写出 I/O 地址分配

本项目的 I/O 分配见项表 3-2。

项表 3-2　输入 / 输出（I/O）分配

输 入		输 出	
功 能	PLC 地址	功 能	PLC 地址
启动按钮	X0	电动机运行	Y0
停止按钮	X1	金属分拣气缸动作指示灯	Y1
金属传感器	X2		Y2
塑料传感器	X3	—	—

3. 画出 PLC 的 I/O 接线图

本项目的 I/O 接线图如项图 3-2 所示。

4. 程序设计

根据 I/O 分配表及项目控制要求分析，画出本项目控制的梯形图。

项目编程思路分析见项表 3-3。

5. PLC 编程软件使用步骤（项表 3-4，需通电后才可以下载程序）

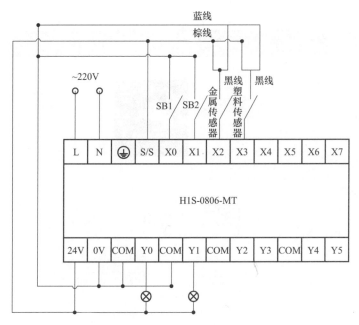

项图 3-2　项目 I/O 接线图

项表 3-3　项目编程思路分析

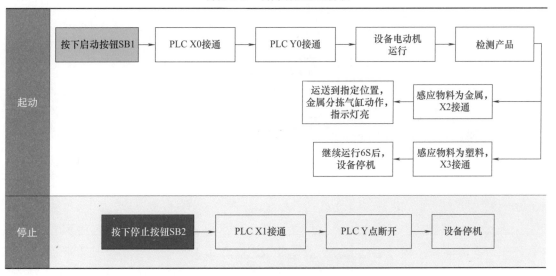

项表 3-4　PLC 编程软件使用步骤

序　号	图　示	备　注
第 1 步：新建一个保存工程用的文件夹	汇川程序保存	—

71

（续）

序　号	图　示	备　注
第2步：双击打开软件		程序版本不同，图标可能不同
第3步：新建工程		—
第4步：设置工程参数		程序版本不同，设置页面可能不同
第5步：在编程窗口编辑程序		—

（续）

序 号	图 示	备 注
第 5 步：在编程窗口编辑程序	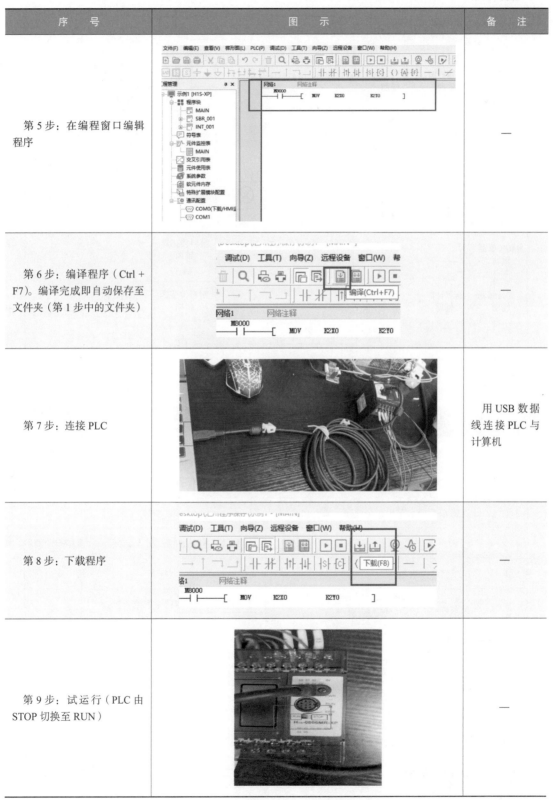	—
第 6 步：编译程序（Ctrl + F7）。编译完成即自动保存至文件夹（第 1 步中的文件夹）		—
第 7 步：连接 PLC		用 USB 数据线连接 PLC 与计算机
第 8 步：下载程序		—
第 9 步：试运行（PLC 由 STOP 切换至 RUN）		—

6. 项目程序（项图 3-3）

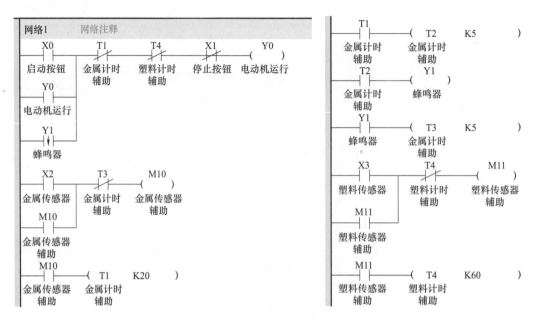

项图 3-3　项目程序

7. PLC 程序调试步骤（项表 3-5）

项表 3-5　PLC 程序调试步骤

操作步骤	操作内容	结果	6S
第 1 步	将 RUN/STOP 开关拨到"STOP"位置		爱护实训设备
第 2 步	插座取电，合上漏电开关，PLC 实训板上电	PLC"PWR"灯亮，上电成功	用电安全
第 3 步	连接 PLC 与计算机，将程序下载至 PLC 内		
第 4 步	将 RUN/STOP 开关拨到"RUN"位置	"RUN"灯亮，模式切换成功	爱护实训设备
第 5 步	按下启动按钮 SB1	电动机运行指示灯亮	用电安全
第 6 步	等待检测，感应物料为金属	金属分拣气缸等待金属物料到达指定位置后动作，指示灯亮	用电安全
第 7 步	等待检测，感应物料为塑料	继续运行 6s 后，设备停机	
第 8 步	按下停止按钮 SB2	设备进行停机	
第 9 步	将 RUN/STOP 开关拨到"STOP"位置	"RUN"灯灭，STOP 成功	
第 10 步	断开漏电开关，拔掉插头，PLC 实训板断电		用电安全
第 11 步	整理实训板线路		恢复实训设备

8. 评分标准（项表 3-6）

项表 3-6　项目实施评分标准

项目内容	配分	评分标准	评分依据	得分
职业素养	20 分	遵守规章制度、劳动纪律 按时按质完成工作任务 积极主动承担工作任务，勤学好问 人身安全与设备安全 工作岗位 6S	1）出勤 2）工作态度 3）劳动纪律 4）团队协作精神 5）6S	
专业能力	60 分	掌握项目 I/O 分配表的编写方法 掌握 3 线式传感器（NPN）的工作原理 掌握项目实施过程中的 6S 要点 掌握项目实施安全规范标准 掌握 3 线式传感器（NPN）的接线方法 熟练设计 3 线式传感器（NPN）的系统梯形图程序及调试方法 能独立完成项目程序的编写、输入、下载、调试等实训	1）操作的准确性与规范性 2）项目完成情况	
创新能力	20 分	在任务过程中能提出自己的有见解的方案 在教学管理上能提出建议，具有合理性、创新性 在项目实施过程中，能根据项目设备设计关联题目，开展编程实训	1）方法可行性 2）建议合理性、创新性 3）题目关联性	
定额时间	0.5h，每超过 5min（不足 5min 以 5min 计）		扣 5 分	
备注	除了定额时间，各项目的最高扣分不应超过配分数		成绩	
开始时间		结束时间	实际时间	

9. 项目扩展

在程序设计、调试完成后，因为其金属物料过多，该公司又提出了一个要求，要求传送带可以对金属和塑料两种物料进行分类。请根据控制要求编写 I/O 分配表和 I/O 接线图，并编写 PLC 程序。

1）I/O 分配表。

2）I/O 接线图。

3）PLC 程序。

6.2　触摸屏篇

项目 4　多页面与自定义页面的设计

【工作情景】

某设备的零件冲洗机系统需要建立触摸屏页面控制，其中包括 1 个首页窗口（10 号开机页面），6 个程序窗口（分别为 11 号控制窗口、12 号报警窗口、13 号资料取样窗口、14 号流量控制窗口、15 号用户登录窗口、16 号参数设置窗口），2 个调用窗口（17 号底层窗口和 18 号中层窗口）。从 10 号窗口可以进入 11 号窗口，15 号窗口使用首页的背景，16 号窗口的功能是切换各程序画面并可返回首页（要求除了 10 号窗口，每一页都能看到此窗口的功能）。

【工作任务】

多画面与自定义画面的设计实训。

【完成时间】

此工作任务完成时间为 6 课时，指导性课时安排见项表 4-1。

项表 4-1　指导性课时安排

课时	内　　容	备　　注
1 ~ 3	引入课题、了解触摸屏（HMI）控制原理、绘制触摸屏接线图、熟悉画面编程操作、进行项目编程练习	
4 ~ 6	编程实训，进行项目扩展练习	

【任务目标】

该设备需要建立触摸屏页面控制，通过触摸屏页面编程软件进行页面设计。

【任务要求】

1）绘制触摸屏窗口地址分配表与触摸屏接线图。

2）以 6S 作业规范来实施项目。

3）完成触摸屏页面的添加及自定义设计。

4）完成通电前的线路排查。

5）完成页面控制认证。

6）严格按照第 1 章的安全规范标准实施本项目。

【学习目标】

1）掌握页面编程软件的使用步骤。

2）掌握触摸屏（HMI）外部接线的方法。

3）掌握多页面设计方法。

4）掌握自定义页面设计方法。

5）掌握功能键的调用与用法。

6）掌握项目实施过程中的 6S 要点。

7）掌握项目实施安全规范标准。

【项目实施】

1.项目实施流程（项图 4-1）

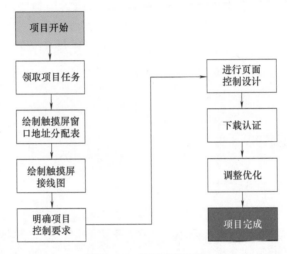

项图 4-1　项目实施流程

2.写出触摸屏窗口地址分配

本项目的触摸屏窗口地址分配见项表 4-2。

项表 4-2　触摸屏窗口地址分配

地　　址	作　　用	地　　址	作　　用
10	首页窗口 （开机页面）	15	用户登录窗口
11	控制窗口	16	参数设置窗口
12	报警窗口	17	底层窗口
13	资料取样窗口	18	中层窗口
14	流量控制窗口	—	—

3.画出触摸屏接线图

本项目的触摸屏接线图如项图 4-2 所示。

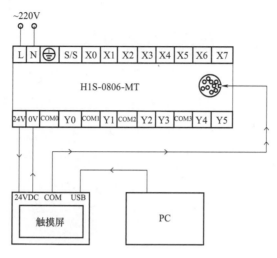

项图 4-2 触摸屏接线图

4. 页面设计

根据项目控制要求分析，设计项目要求页面，见项表 4-3。

项表 4-3 项目页面设计步骤

序号	内 容	图 示
1	从元件列表找到 10 号窗口，右击选择设置，将窗口名称改为"开机页面"，背景改为"天蓝色"，再单击"确定"	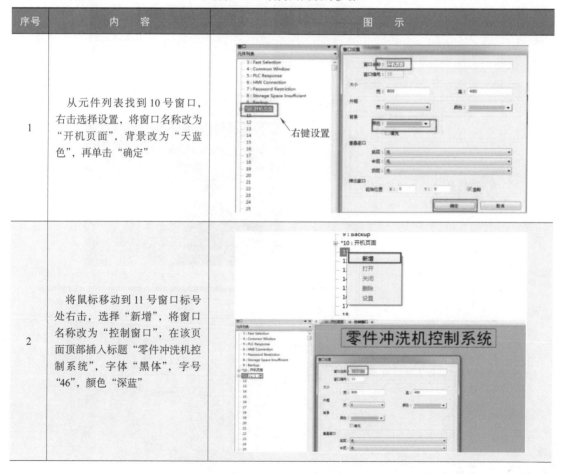
2	将鼠标移动到 11 号窗口标号处右击，选择"新增"，将窗口名称改为"控制窗口"，在该页面顶部插入标题"零件冲洗机控制系统"，字体"黑体"，字号"46"，颜色"深蓝"	

（续）

序号	内　容	图　示
3	以同样的方式插入其余窗口	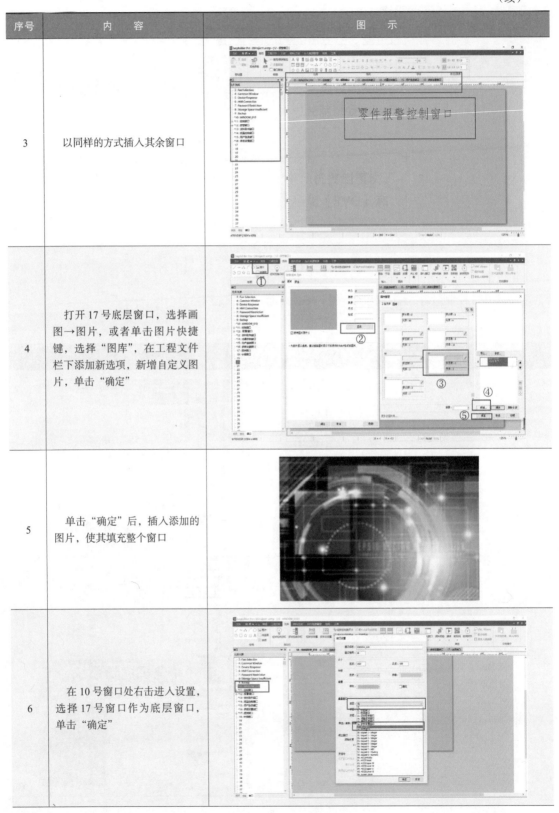
4	打开 17 号底层窗口，选择画图→图片，或者单击图片快捷键，选择"图库"，在工程文件栏下添加新选项，新增自定义图片，单击"确定"	
5	单击"确定"后，插入添加的图片，使其填充整个窗口	
6	在 10 号窗口处右击进入设置，选择 17 号窗口作为底层窗口，单击"确定"	

（续）

序号	内 容	图 示
7	打开 10 号首页窗口，选择元件→开关→功能键，或者单击功能键快捷键，选中切换基本窗口，窗口编号选择"11 控制窗口"，在标签栏插入"进入"标签，字体"黑体"，尺寸"30"，颜色"紫色"，单击"确定"	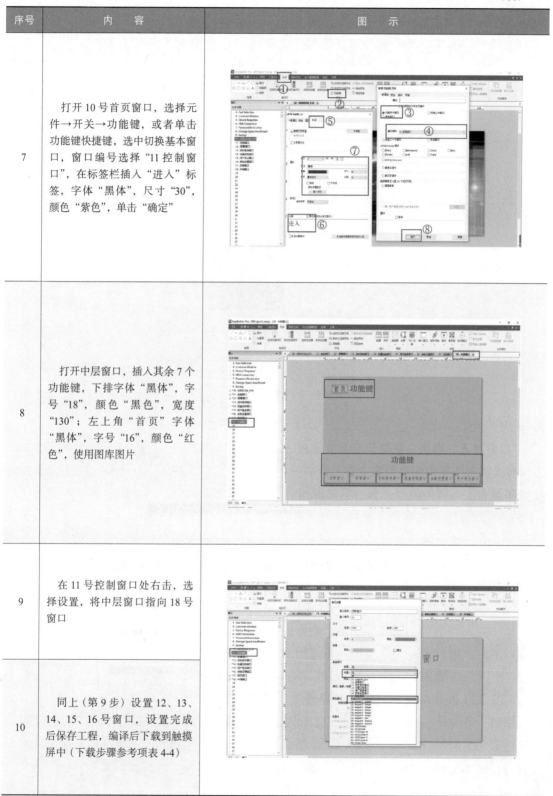
8	打开中层窗口，插入其余 7 个功能键，下排字体"黑体"，字号"18"，颜色"黑色"，宽度"130"；左上角"首页"字体"黑体"，字号"16"，颜色"红色"，使用图库图片	
9	在 11 号控制窗口处右击，选择设置，将中层窗口指向 18 号窗口	
10	同上（第 9 步）设置 12、13、14、15、16 号窗口，设置完成后保存工程，编译后下载到触摸屏中（下载步骤参考项表 4-4）	

5. 触摸屏编辑软件使用步骤 (项表 4-4, 需通电后才可以下载程序)

项表 4-4   触摸屏编辑软件使用步骤

步　骤	图　示	备　注
第 1 步: 新建一个保存工程用的文件夹	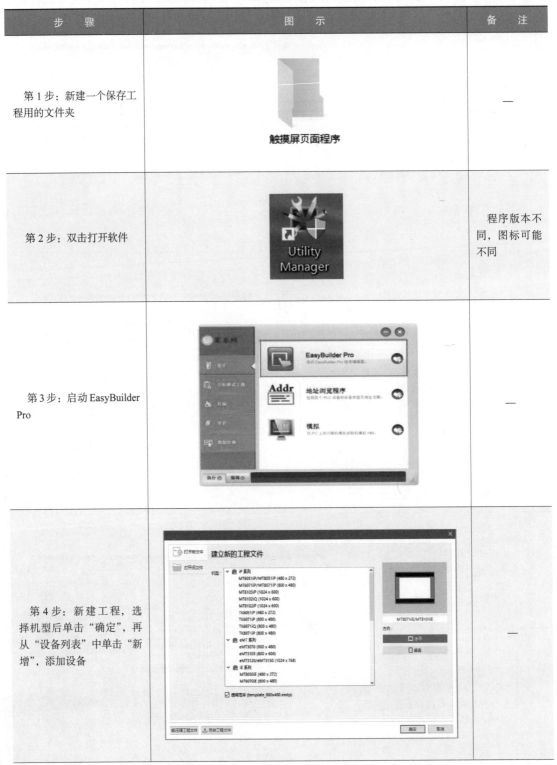	—
第 2 步: 双击打开软件		程序版本不同, 图标可能不同
第 3 步: 启动 EasyBuilder Pro		—
第 4 步: 新建工程, 选择机型后单击 "确定", 再从 "设备列表" 中单击 "新增", 添加设备		—

（续）

步　骤	图　示	备　注
第 4 步：新建工程，选择机型后单击"确定"，再从"设备列表"中单击"新增"，添加设备	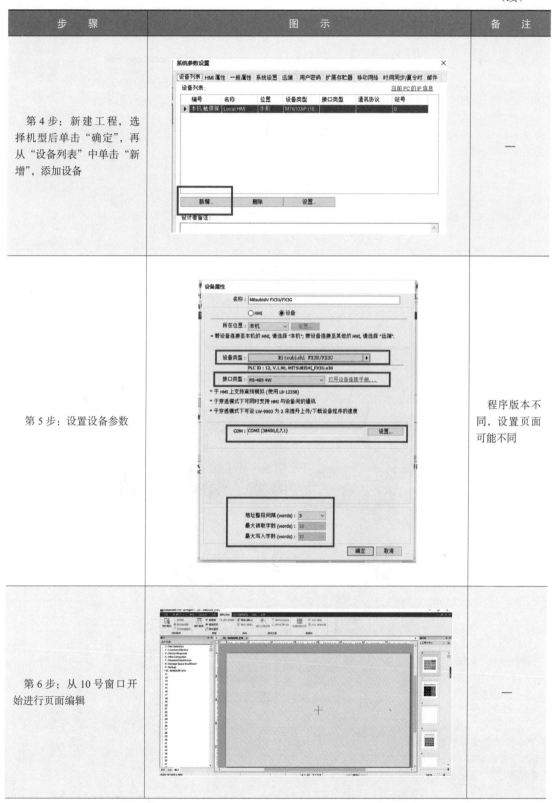	—
第 5 步：设置设备参数		程序版本不同，设置页面可能不同
第 6 步：从 10 号窗口开始进行页面编辑		—

（续）

步　骤	图　示	备　注
第6步：从10号窗口开始进行页面编辑	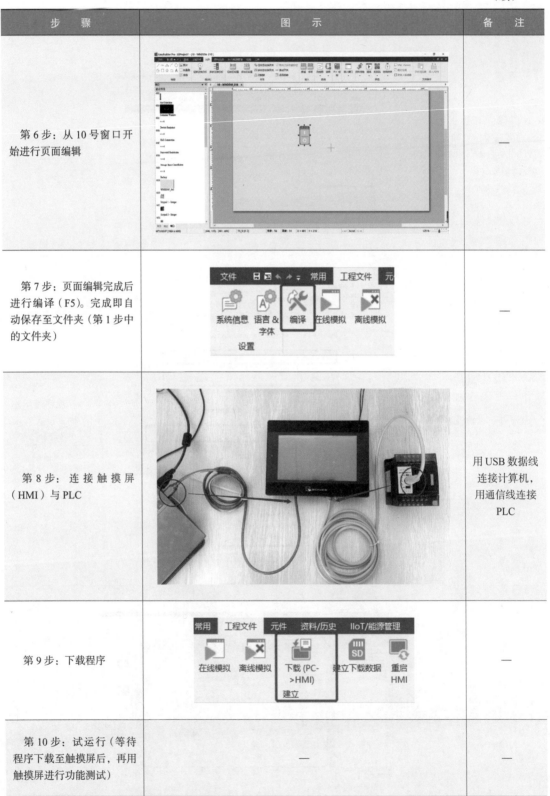	—
第7步：页面编辑完成后进行编译（F5）。完成即自动保存至文件夹（第1步中的文件夹）		—
第8步：连接触摸屏（HMI）与PLC		用USB数据线连接计算机，用通信线连接PLC
第9步：下载程序		—
第10步：试运行（等待程序下载至触摸屏后，再用触摸屏进行功能测试）	—	—

6. 触摸屏页面设计——开机页面（项图 4-3）

项图 4-3　项目程序开机页面

7. PLC 程序调试步骤（项表 4-5）

项表 4-5　PLC 程序调试步骤

操作步骤	操作内容	结　果	6S
第 1 步	将 RUN/STOP 开关拨到"STOP"位置		爱护实训设备
第 2 步	插座取电，合上漏电开关，PLC 实训板上电	PLC"PWR"灯亮，触摸屏显示屏亮，上电成功	用电安全
第 3 步	连接触摸屏与计算机，将页面程序下载至触摸屏内	触摸屏页面重启	
第 4 步	单击触摸屏中"控制窗口"功能键	页面切换至 11 号控制窗口	爱护实训设备
第 5 步	在 11 号窗口单击其他的窗口切换功能键	页面能切换至相应的序号窗口	用电安全
第 6 步	在 12、13、14、15、16 号窗口相继测试其他的窗口切换功能键	页面能切换至相应的序号窗口	用电安全
第 7 步	在 11、12、13、14、15、16 号窗口中相继单击"首页"功能键	都能返回开机页面	用电安全
第 8 步	断开漏电开关，拔掉插头，实训板断电，触摸屏无电源	触摸屏显示屏灯灭	用电安全
第 9 步	整理实训板线路		恢复实训设备

8. 评分标准（项表 4-6）

项表 4-6　项目实施评分标准

项目内容	配分	评分标准		评分依据	得分
职业素养	20分	遵守规章制度、劳动纪律		1）出勤 2）工作态度 3）劳动纪律 4）团队协作精神 5）6S	
		按时按质完成工作任务			
		积极主动承担工作任务，勤学好问			
		人身安全与设备安全			
		工作岗位 6S			
专业能力	60分	掌握触摸屏页面编辑软件新建工程的使用步骤		1）操作的准确性与规范性 2）项目完成情况	
		掌握触摸屏外部接线的方法			
		掌握触摸屏多页面与自定义页面的设计方法			
		掌握项目实施过程中的 6S 要点			
		掌握项目实施安全规范标准			
		独立完成项目实训			
创新能力	20分	在任务过程中能提出自己的有见解的方案		1）方法可行性 2）建议合理性、创新性 3）题目关联性	
		在教学管理上能提出建议，具有合理性、创新性			
		在项目实施过程中，能根据项目设备设计关联题目，开展编程实训			
定额时间	0.5h，每超过 5min（不足 5min 以 5min 计）			扣 5 分	
备注	除了定额时间，各项目的最高扣分不应超过配分数			成绩	
开始时间		结束时间		实际时间	

9. 项目扩展

某设备零件冲洗机系统控制页面设计出来后发现触摸屏的开机页面过于单调，于是公司领导要求在其开机页面上增加"欢迎使用我们的自动化设备"字样，字体楷体，字号56，颜色黑色；字体向左持续转动。请根据要求设计触摸屏的开机页面，并将设计方法在下方写出。

项目5 电动机正、反转控制系统页面设计

【工作情景】

某商场的自动扶梯需要制作一个触摸屏控制自动扶梯上升或下降的控制页面,当扶梯需要上升时,只需在触摸屏按下正转按钮,扶梯上升;当扶梯需要下降时,只需在触摸屏按下反转按钮,扶梯下降;当需要停止时,在触摸屏按下停止按钮,扶梯即停止运行。在扶梯运行过程中,要有显示其运行状态的指示灯,扶梯运行期间正、反转不能同时进行。

【工作任务】

电动机正、反转控制系统页面的设计实训。

【完成时间】

此工作任务完成时间为6课时,指导性课时安排见项表5-1。

项表5-1 指导性课时安排

课　　时	内　　容	备　　注
1～3	引入课题、了解触摸屏(HMI)控制原理、绘制I/O分配表、绘制触摸屏接线图、熟悉页面编程操作、进行项目编程练习	
4～6	编程实训,进行项目扩展练习	

【任务目标】

某设备需要电动机正、反转控制系统在触摸屏上进行控制,通过触摸屏页面编程软件进行页面设计。

【任务要求】

1)绘制I/O分配表与触摸屏接线图。

2)以6S作业规范来实施项目。

3)完成触摸屏按钮、指示灯元件的添加及使用。

4)使用触摸屏按钮、指示灯元件完成工程页面设计。

5)完成通电前的线路排查。

6)完成页面控制认证。

7)严格按照第1章的安全规范标准实施本项目。

【学习目标】

1)掌握页面编程软件的使用步骤。

2)掌握I/O分配表的分配方法。

3)掌握触摸屏(HMI)接线的方法。

4)掌握按钮元件、指示灯元件的使用方法。

5)掌握项目实施过程中的6S要点。

6)掌握项目实施安全规范标准。

【项目实施】

1. 项目实施流程（项图 5-1）

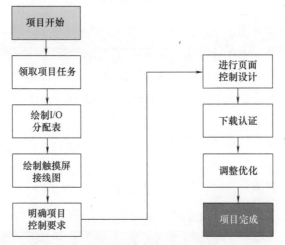

项图 5-1　项目实施流程

2. 写出 I/O 地址分配

本项目的 I/O 分配见项表 5-2。

项表 5-2　输入 / 输出（I/O）分配

输　入		输　出	
功　能	PLC 地址	功　能	PLC 地址
正转按钮	M0	正转指示灯	Y0
反转按钮	M1	反转指示灯	Y1
停止按钮	M2	—	—

3. 画出触摸屏接线图

本项目的触摸屏接线图如项图 5-2 所示。

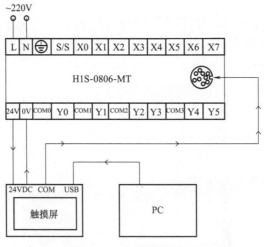

项图 5-2　触摸屏接线图

4. 页面设计

根据项目控制要求分析，设计项目要求页面，见项表 5-3。

项表 5-3　项目页面设计步骤

序号	内　容	图　示
1	新建触摸屏页面工程文件	
2	新增窗口：将鼠标移动到 11 号窗口标号处右击，选择"新增"，将窗口名称改为"控制窗口"，在该页面顶部插入标题"扶梯电动机控制系统"，字体"黑体"，字号"46"，颜色"深蓝"，并创建 10 号窗口与 11 号窗口切换功能键	
3	添加按钮元件：打开 11 号控制窗口，选择元件→开关→位状态切换开关快捷键	

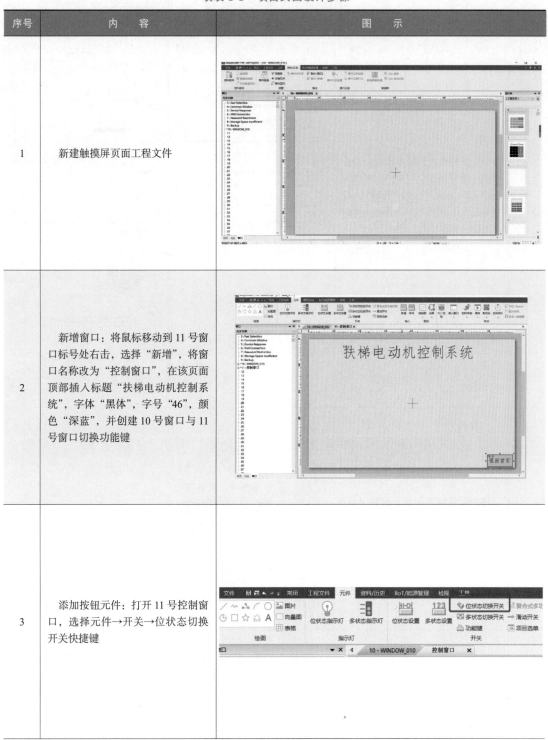

（续）

序号	内　容	图　示
4	设置元件参数：选择相应的设备型号，填写地址为"M0"，属性为"复归型"，图片调用"图库"，设置完成后单击"确定"。再插入对应功能标签名称"正转按钮"	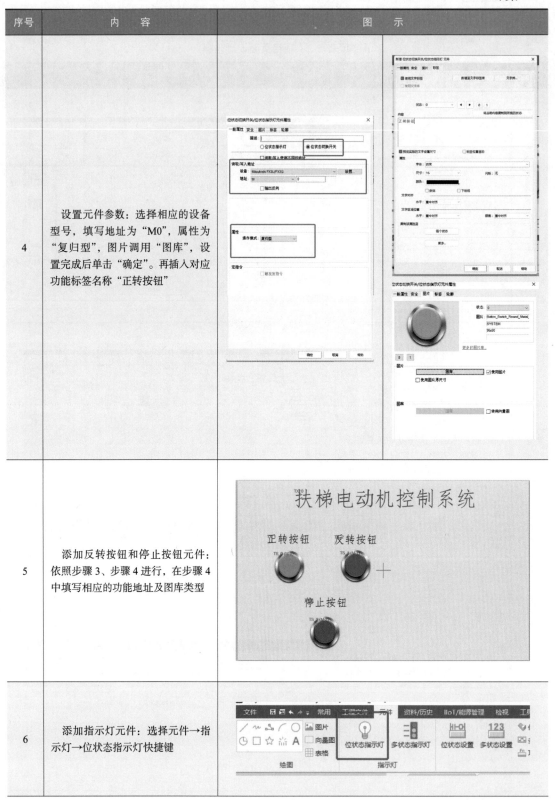
5	添加反转按钮和停止按钮元件：依照步骤3、步骤4进行，在步骤4中填写相应的功能地址及图库类型	
6	添加指示灯元件：选择元件→指示灯→位状态指示灯快捷键	

（续）

序号	内　容	图　示
7	设置元件参数：选择相应的设备型号，填写地址为"Y0"，图片调用"图库"，设置完成后单击"确定"。再插入对应功能标签名称"正转指示灯"	
8	添加电动机的反转指示灯元件：依照步骤6、步骤7进行，在步骤7中填写相应的功能地址及图库类型	
9	控制页面设计编辑完成后保存工程，编译后下载到触摸屏中（下载步骤参考项表5-4）	—

5. 触摸屏编辑软件使用步骤（项表 5-4，需通电后才可以下载程序）

项表 5-4 触摸屏编辑软件使用步骤

步　骤	图　示	备　注
第1步：新建一个保存工程用的文件夹	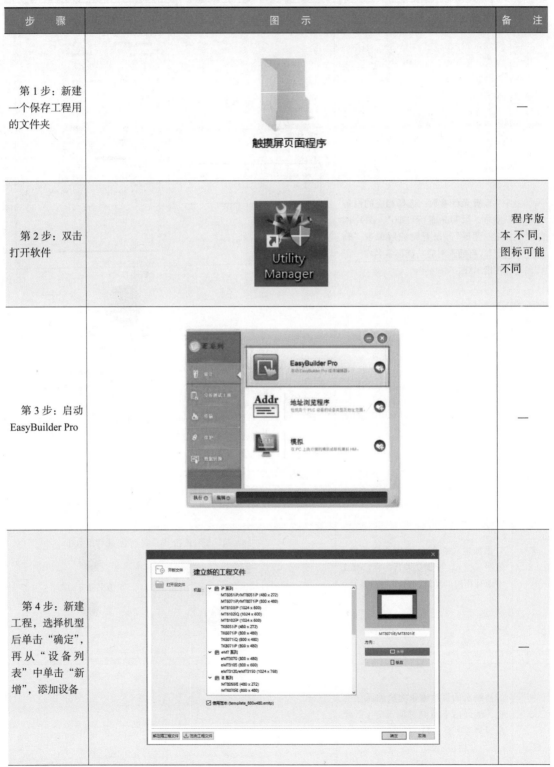	—
第2步：双击打开软件		程序版本不同，图标可能不同
第3步：启动 EasyBuilder Pro		—
第4步：新建工程，选择机型后单击"确定"，再从"设备列表"中单击"新增"，添加设备		—

（续）

步　　骤	图　　示	备　注
第 4 步：新建工程，选择机型后单击"确定"，再从"设备列表"中单击"新增"，添加设备	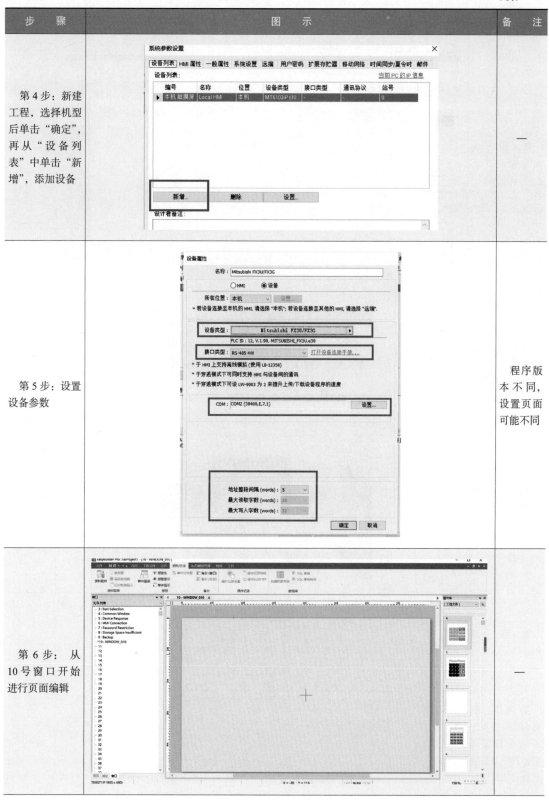	—
第 5 步：设置设备参数		程序版本不同，设置页面可能不同
第 6 步：从 10 号窗口开始进行页面编辑		—

（续）

步　骤	图　　示	备　注
第6步：从10号窗口开始进行页面编辑	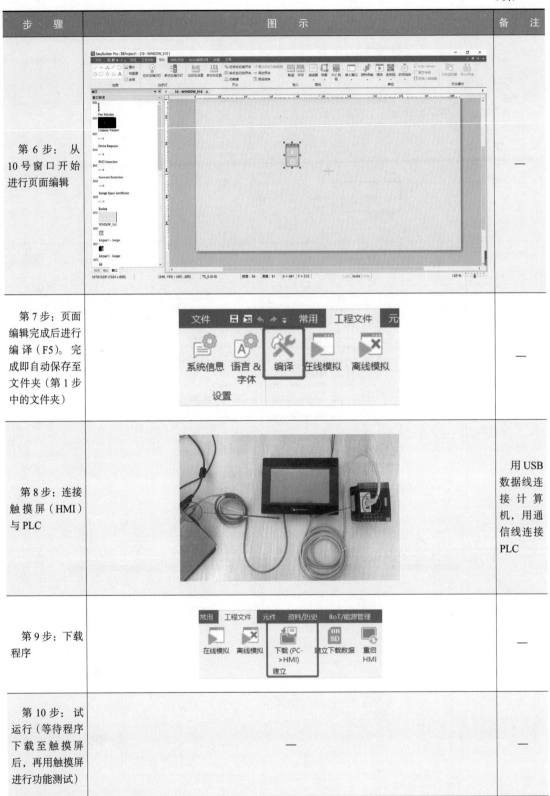	—
第7步：页面编辑完成后进行编译（F5）。完成即自动保存至文件夹（第1步中的文件夹）		—
第8步：连接触摸屏（HMI）与PLC		用USB数据线连接计算机，用通信线连接PLC
第9步：下载程序		—
第10步：试运行（等待程序下载至触摸屏后，再用触摸屏进行功能测试）	—	—

6. PLC 对应的触摸屏程序（项图 5-3）

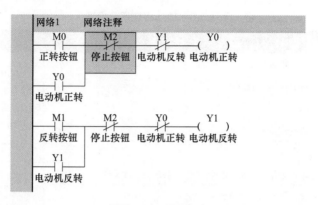

项图 5-3　项目程序

7. PLC 程序调试步骤（项表 5-5）

项表 5-5　PLC 程序调试步骤

操作步骤	操 作 内 容	结　果	6S
第 1 步	将 RUN/STOP 开关拨到"STOP"位置		爱护实训设备
第 2 步	插座取电，合上漏电开关，PLC 实训板上电	PLC "PWR"灯亮，触摸屏显示屏亮，上电成功	用电安全
第 3 步	连接触摸屏与计算机，将页面程序下载至触摸屏内	触摸屏页面重启	
第 4 步	切换至扶梯电动机控制系统窗口，单击正转按钮	扶梯上升，电动机正转指示灯亮	爱护实训设备
第 5 步	按下反转按钮	无变化	用电安全
第 6 步	按下停止按钮	扶梯停止，电动机正、反转指示灯都灭	用电安全
第 7 步	按下反转按钮	扶梯下降，电动机反转指示灯亮	用电安全
第 8 步	按下正转按钮	无变化	用电安全
第 9 步	按下停止按钮	扶梯停止，电动机正、反转指示灯都灭	用电安全
第 10 步	断开漏电开关，拔掉插头，实训板断电，触摸屏无电源	触摸屏显示屏灯灭	用电安全
第 11 步	整理实训板线路		恢复实训设备

8. 评分标准（项表 5-6）

项表 5-6　项目实施评分标准

项目内容	配分	评分标准		评分依据	得分
职业素养	20分	遵守规章制度、劳动纪律		1）出勤 2）工作态度 3）劳动纪律 4）团队协作精神 5）6S	
		按时按质完成工作任务			
		积极主动承担工作任务，勤学好问			
		人身安全与设备安全			
		工作岗位 6S			
专业能力	60分	掌握触摸屏页面编辑软件新建工程的使用步骤		1）操作的准确性与规范性 2）项目完成情况	
		掌握触摸屏外部接线的方法			
		掌握触摸屏按钮元件插入及参数设置方法			
		掌握触摸屏指示灯元件插入及参数设置方法			
		掌握项目实施过程中的 6S 要点			
		掌握项目实施安全规范标准			
		独立完成项目实训			
创新能力	20分	在任务过程中能提出自己的有见解的方案		1）方法可行性 2）建议合理性、创新性 3）题目关联性	
		在教学管理上能提出建议，具有合理性、创新性			
		在项目实施过程中，能根据项目设备设计关联题目，开展编程实训			
定额时间	0.5h，每超过 5min（不足 5min 以 5min 计）			扣 5 分	
备注	除了定额时间，各项目的最高扣分不应超过配分数			成绩	
开始时间		结束时间		实际时间	

9. 项目扩展

　　扶梯电动机触摸屏控制系统运行后，商场领导觉得电动机运行状态的显示灯有点多，因此又提出一个要求，要求在前面触摸屏工程页面的基础上将电动机运行状态通过一个显示灯显示；在电动机运行状态为正转、反转、停止时，显示灯分别以绿、蓝、红的颜色显示，并显示相应运行状态的文字。请根据要求设计扶梯电动机控制工程页面，并将设计方法在下方写出。

项目 6　电动机顺启逆停控制系统页面设计

【工作情景】

某快递公司的快递传送设备需要进行调试，这条传送带有 3 个电动机作为传送动力，需要 1 个触摸屏手动调试页面。设备电动机手动调试页中要有可以控制电动机的启动按钮、停止按钮和指示灯，要求如下：

1）页面中各个窗口、元件应有对应的功能标签。

2）按下启动按钮，电动机 3→1 进行顺序起动，以按一下起动一个电动机的方式进行。

3）按下停止按钮，电动机 1→3 进行逆序停止，以按一下停止一个电动机的方式进行。

4）按下停止按钮，3 个电动机无论处于何种状态都停止运行。

现在，硬件已经安装完毕，需要触摸屏页面对此进行调试，以便设备可以正常投入使用。

【工作任务】

电动机顺启逆停控制系统页面的设计实训。

【完成时间】

此工作任务完成时间为 7 课时，指导性课时安排见项表 6-1。

项表 6-1　指导性课时安排

课　时	内　容	备　注
1～4	引入课题、了解触摸屏（HMI）控制原理、绘制 I/O 分配表、绘制触摸屏接线图、熟悉页面编程操作、进行项目编程练习	
5～7	编程实训，进行项目扩展练习	

【任务目标】

某快递公司需要电动机顺启逆停控制系统在触摸屏上进行控制调试，通过触摸屏页面编程软件进行页面设计。

【任务要求】

1）绘制 I/O 分配表与触摸屏接线图。

2）以 6S 作业规范来实施项目。

3）完成触摸屏多状态切换开关元件的添加及使用。

4）完成通电前的线路排查。

5）完成页面控制认证。

6）严格按照第 1 章的安全规范标准实施本项目。

【学习目标】

1）掌握页面编程软件的使用步骤。

2）掌握 I/O 分配表的分配方法。

3）掌握触摸屏（HMI）接线的方法。

4）掌握多状态切换开关元件的使用方法。

5）掌握项目实施过程中的 6S 要点。

6）掌握项目实施安全规范标准。

【项目实施】

1. 项目实施流程（项图 6-1）

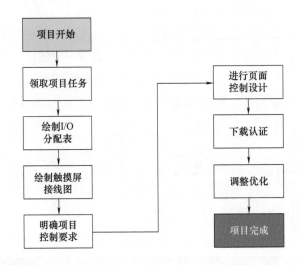

项图 6-1　项目实施流程

2. 写出 I/O 地址分配

本项目的 I/O 分配见项表 6-2。

项表 6-2　输入 / 输出（I/O）分配

输　　入		输　　出	
功　　能	PLC 地址	功　　能	PLC 地址
停止按钮	M0	电动机 3 指示灯	Y0
顺序启动按钮	D0	电动机 2 指示灯	Y1
逆序停止按钮	D0	电动机 1 指示灯	Y2

3. 画出触摸屏接线图

本项目的触摸屏接线图如项图 6-2 所示。

4. 页面设计

根据项目控制要求分析，设计项目要求页面，见项表 6-3。

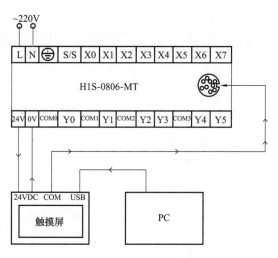

项图 6-2　触摸屏接线图

项表 6-3　项目页面设计步骤

序号	内　　容	图　　示
1	新建触摸屏页面工程文件	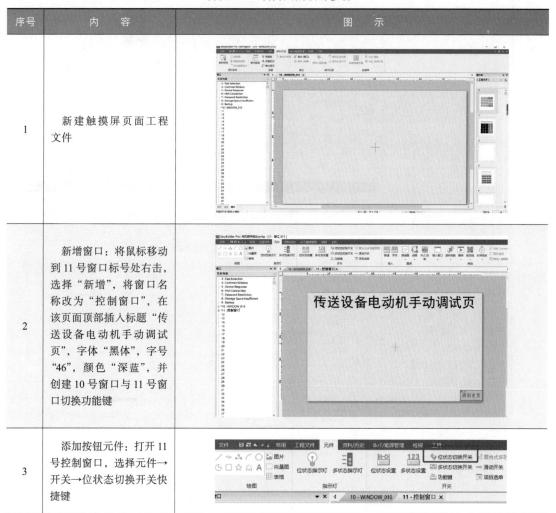
2	新增窗口：将鼠标移动到 11 号窗口标号处右击，选择"新增"，将窗口名称改为"控制窗口"，在该页面顶部插入标题"传送设备电动机手动调试页"，字体"黑体"，字号"46"，颜色"深蓝"，并创建 10 号窗口与 11 号窗口切换功能键	传送设备电动机手动调试页
3	添加按钮元件：打开 11 号控制窗口，选择元件→开关→位状态切换开关快捷键	

（续）

序号	内　　容	图　　示
4	设置元件参数：选择相应的设备型号，填写地址为"M0"，属性为"复归型"，图片调用"图库"，设置完成后单击"确定"。再插入对应功能标签名称"停止按钮"	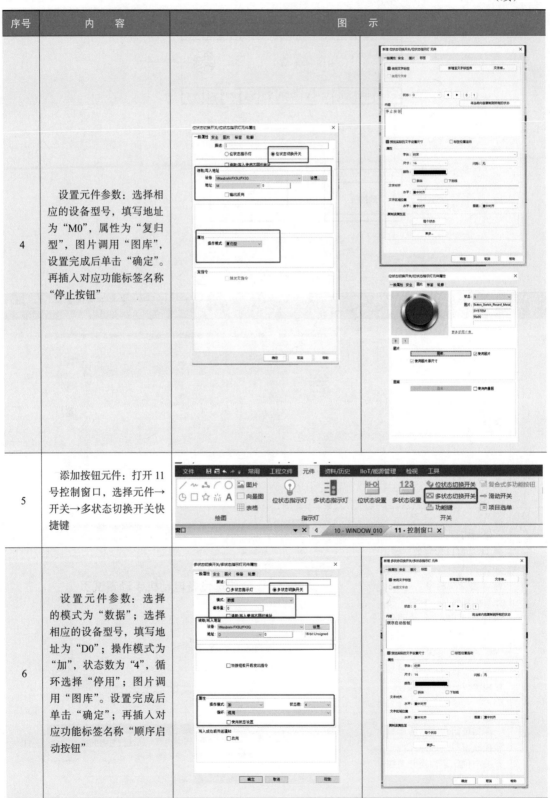
5	添加按钮元件：打开11号控制窗口，选择元件→开关→多状态切换开关快捷键	
6	设置元件参数：选择的模式为"数据"；选择相应的设备型号，填写地址为"D0"；操作模式为"加"，状态数为"4"，循环选择"停用"；图片调用"图库"。设置完成后单击"确定"；再插入对应功能标签名称"顺序启动按钮"	

（续）

序号	内　容	图　示
6	设置元件参数：选择的模式为"数据"；选择相应的设备型号，填写地址为"D0"；操作模式为"加"，状态数为"4"，循环选择"停用"；图片调用"图库"。设置完成后单击"确定"；再插入对应功能标签名称"顺序启动按钮"	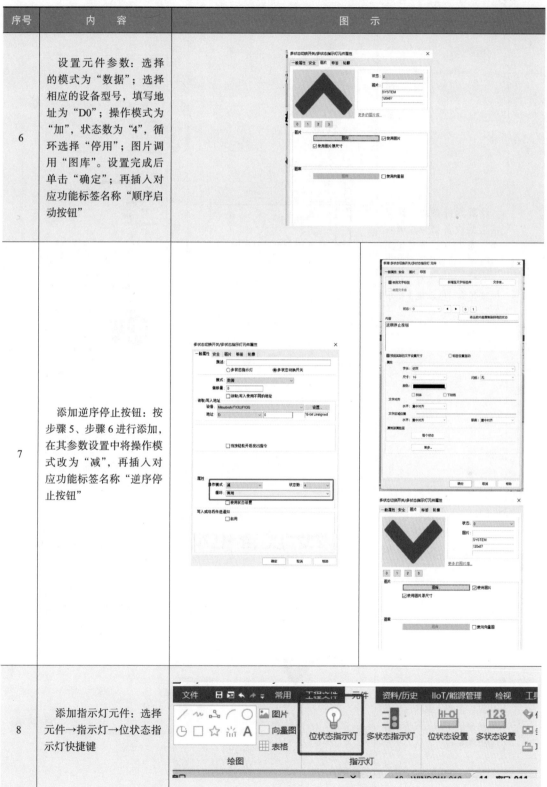
7	添加逆序停止按钮：按步骤 5、步骤 6 进行添加，在其参数设置中将操作模式改为"减"，再插入对应功能标签名称"逆序停止按钮"	
8	添加指示灯元件：选择元件→指示灯→位状态指示灯快捷键	

（续）

序号	内　容	图　示
9	设置元件参数：选择相应的设备型号，填写地址为"Y0"，图片调用"图库"，设置完成后单击"确定"。再插入对应功能标签名称"电动机1指示灯"	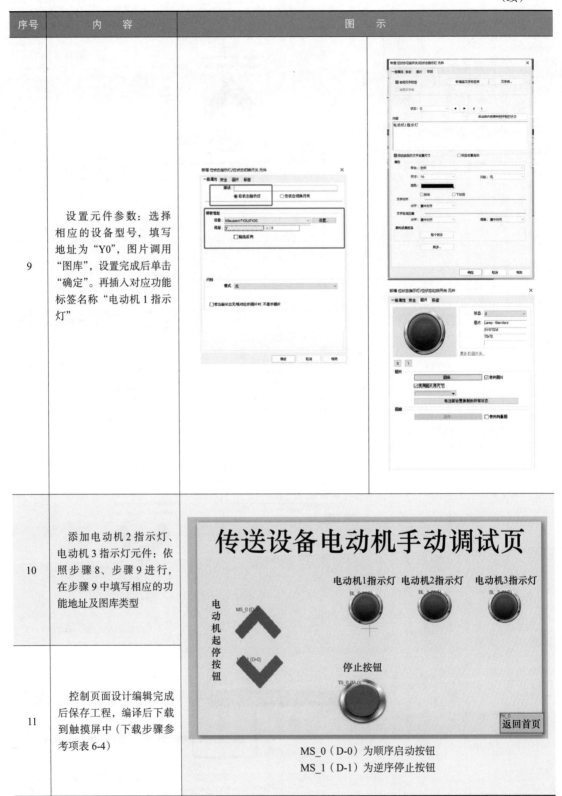
10	添加电动机2指示灯、电动机3指示灯元件：依照步骤8、步骤9进行，在步骤9中填写相应的功能地址及图库类型	
11	控制页面设计编辑完成后保存工程，编译后下载到触摸屏中（下载步骤参考项表6-4）	

5. 触摸屏编辑软件使用步骤（项表 6-4，需通电后才可以下载程序）

项表 6-4　触摸屏编辑软件使用步骤

步　骤	图　示	备　注
第1步：新建一个保存工程用的文件夹	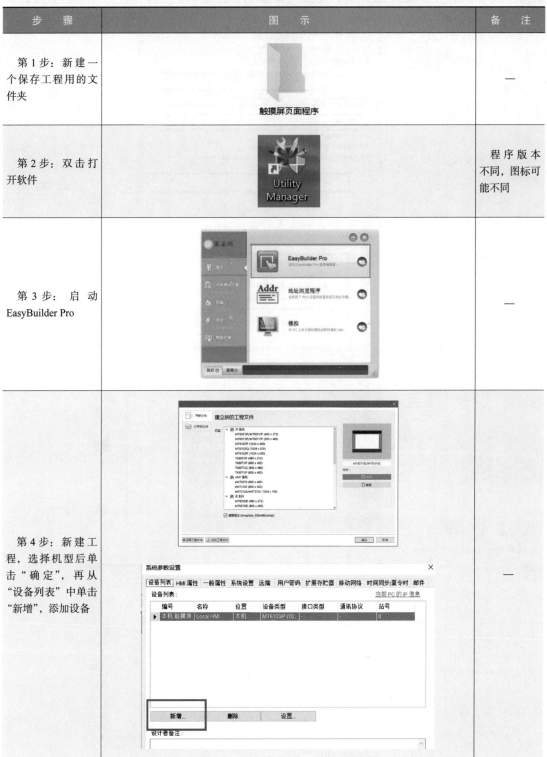	—
第2步：双击打开软件		程序版本不同，图标可能不同
第3步：启动 EasyBuilder Pro		—
第4步：新建工程，选择机型后单击"确定"，再从"设备列表"中单击"新增"，添加设备		—

（续）

步　　骤	图　　示	备　　注
第 5 步：设置设备参数	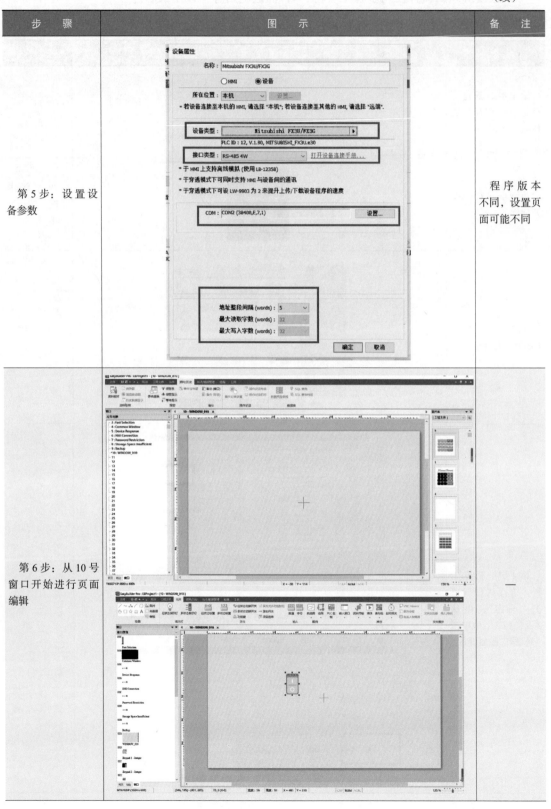	程 序 版 本不同，设置页面可能不同
第 6 步：从 10 号窗口开始进行页面编辑		—

（续）

步　骤	图　示	备　注
第7步：页面编辑完成后进行编译（F5）。完成即自动保存至文件夹（第1步中的文件夹）	文件　日　♦　→　常用　工程文件　元 系统信息　语言&字体　编译　在线模拟　离线模拟 设置	—
第8步：连接触摸屏（HMI）与PLC		用USB数据线连接计算机，用通信线连接PLC
第9步：下载程序	常用　工程文件　元件　资料/历史　IIoT/能源管理 在线模拟　离线模拟　下载(PC->HMI)　建立下载数据　重启HMI 建立	—
第10步：试运行（等待程序下载至触摸屏后，再用触摸屏进行功能测试）	—	—

6. PLC 对应的触摸屏程序（项图 6-3）

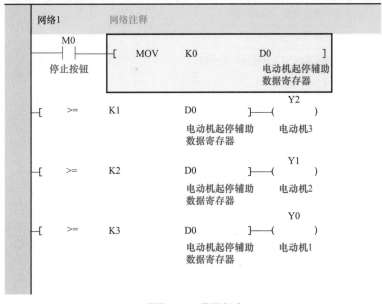

项图 6-3　项目程序

7. PLC 程序调试步骤（项表 6-5）

项表 6-5　PLC 程序调试步骤

操作步骤	操作内容	结　果	6S
第 1 步	将 RUN/STOP 开关拨到"STOP"位置		爱护实训设备
第 2 步	插座取电，合上漏电开关，PLC 实训板上电	PLC "PWR" 灯亮，触摸屏显示屏亮，上电成功	用电安全
第 3 步	连接触摸屏与计算机，将页面程序下载至触摸屏内	触摸屏页面重启	
第 4 步	按下顺序启动按钮	电动机 3 起动，并且相应指示灯亮	爱护实训设备
第 5 步	再次按 2 下顺序启动按钮	电动机 2、电动机 1 顺序起动，并且相应指示灯亮	用电安全
第 6 步	按下逆序停止按钮	电动机 1 停止运行，并且相应指示灯灭	用电安全
第 7 步	再次按 2 下逆序停止按钮	电动机 2、电动机 3 相继停止，并且相应指示灯灭	用电安全
第 8 步	按下停止按钮	3 个电动机无论在何种状态下都停止运行，并且相应指示灯灭	用电安全
第 9 步	断开漏电开关，拔掉插头，实训板断电，触摸屏无电源	触摸屏显示屏灯灭	用电安全
第 10 步	整理实训板线路		恢复实训设备

8. 评分标准（项表 6-6）

项表 6-6　项目实施评分标准

项目内容	配分	评分标准	评分依据	得分
职业素养	20 分	遵守规章制度、劳动纪律 按时按质完成工作任务 积极主动承担工作任务，勤学好问 人身安全与设备安全 工作岗位 6S	1）出勤 2）工作态度 3）劳动纪律 4）团队协作精神 5）6S	
专业能力	60 分	掌握触摸屏页面编辑软件新建工程的使用步骤 掌握触摸屏外部接线的方法 掌握触摸屏多状态切换开关插入及参数设置方法 掌握使用触摸屏指示灯元件及多状态切换开关进行工程页面设计 掌握项目实施过程中的 6S 要点 掌握项目实施安全规范标准 独立完成项目实训	1）操作的准确性与规范性 2）项目完成情况	

（续）

项目内容	配分	评分标准		评分依据	得分
创新能力	20分	在任务过程中能提出自己的有见解的方案		1）方法可行性 2）建议合理性、创新性 3）题目关联性	
		在教学管理上能提出建议，具有合理性、创新性			
		在项目实施过程中，能根据项目设备设计关联题目，开展编程实训			
定额时间	0.5h，每超过 5min（不足 5min 以 5min 计）			扣 5 分	
备注	除了定额时间，各项目的最高扣分不应超过配分数			成绩	
开始时间		结束时间		实际时间	

9. 项目扩展

根据上方"传动设备电动机手动调试页"工程页面，设计"传动设备电动机自动控制页"。设备电动机自动控制页中要有可以控制电动机的启动按钮、停止按钮和显示灯，要求如下：

1）按下启动按钮，电动机 3 → 1 顺序自动相隔 3s 起动。

2）按下停止按钮，电动机 1 → 3 顺序自动相隔 3s 停止。

3）按下停止按钮，3 个电动机无论处于何种状态都停止运行。

4）以一个显示灯进行 3 个电动机运转状态显示，以电动机 1 为 1；电动机 2 为 2；电动机 3 为 3 进行代表，如电动机 1+ 电动机 2 起动，则显示灯亮且显示数字 3，或电动机 1+ 电动机 2+ 电动机 3 都起动，则显示数字 6。

请根据要求设计"传动设备电动机自动控制页"工程页面，并将设计方法在下方写出。

项目 7　电动机星三角降压起动时间控制系统页面设计

【工作情景】

某车间设备要先在触摸屏中对大型抽风机进行起动，因为抽风机的功率比较大，起动只能采取星三角降压起动的方式。现在，要求工程技术人员设计出触摸屏"抽风机星三角降压起动时间控制"页面并进行调试；设备电动机手动调试页中要有可以控制电动机的启动按钮、停止按钮、电动机运行状态指示灯，以及时间递增和递减按钮，要求如下：

1）页面中各个窗口、元件应有对应的功能标签。

2）按下启动按钮，电动机先进行星形起动，6s 后自动转化成三角形运行。

3）按下停止按钮，电动机无论处于何种状态都停止运行。

4）电动机从星形到三角形过程的时间可以进行递增或递减。

现在，硬件已经安装完毕，需要触摸屏页面对此进行调试，以便设备可以正常投入使用。

【工作任务】

电动机星三角降压起动时间控制系统页面的设计实训。

【完成时间】

此工作任务完成时间为 6 课时，指导性课时安排见项表 7-1。

项表 7-1　指导性课时安排

课　时	内　容	备　注
1～3	引入课题、了解触摸屏（HMI）控制原理、绘制触摸屏接线图、绘制 I/O 分配表、熟悉页面编程操作、进行项目编程练习	
4～6	编程实训，进行项目扩展练习	

【任务目标】

某车间需要抽风机星三角降压起动控制系统在触摸屏上进行控制调试，通过触摸屏页面编程软件进行页面设计。

【任务要求】

1）绘制 I/O 分配表与触摸屏接线图。

2）以 6S 作业规范来实施项目。

3）完成触摸屏多状态设置元件的添加及使用。

4）完成通电前的线路排查。

5）完成页面控制认证。

6）严格按照第 1 章的安全规范标准实施本项目。

【学习目标】

1）掌握页面编程软件的使用步骤。

2）掌握 I/O 分配表的分配方法。

3）掌握触摸屏（HMI）接线的方法。

4）掌握多状态设置元件的使用方法。

5）掌握项目实施过程中的 6S 要点。

6）掌握项目实施安全规范标准。

【项目实施】

1. 项目实施流程（项图 7-1）

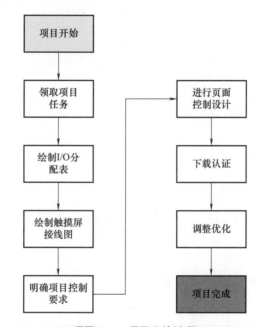

项图 7-1　项目实施流程

2. 写出 I/O 地址分配

本项目的 I/O 分配见项表 7-2。

项表 7-2　输入 / 输出（I/O）分配

输　　　入		输　　　出	
功　　能	PLC 地址	功　　能	PLC 地址
启动按钮	M0	电动机运行指示灯	Y0
停止按钮	M1	电动机星形运行指示灯	Y1
时间递增按钮	D0	电动机三角形运行指示灯	Y2
时间递减按钮	D0	—	—

3. 画出触摸屏接线图

本项目的触摸屏接线图如项图 7-2 所示。

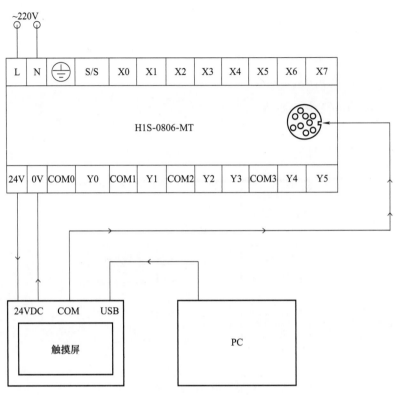

项图 7-2　触摸屏接线图

4. 页面设计

根据项目控制要求分析，设计项目要求页面，见项表 7-3。

项表 7-3　项目页面设计步骤

序号	内　容	图　　示
1	新建触摸屏页面工程文件	
2	新增窗口：将鼠标移动到 11 号窗口标号处右击，选择"新增"，将窗口名称改为"控制窗口"，在该页面顶部插入标题"抽风机星三角降压起动时间控制"，字体"黑体"，字号"46"，颜色"深蓝"，并创建 10 号窗口与 11 号窗口切换功能键	抽风机星三角降压起动时间控制

（续）

序号	内　容	图　示
3	添加按钮元件：打开11号控制窗口，选择元件→开关→位状态切换开关快捷键	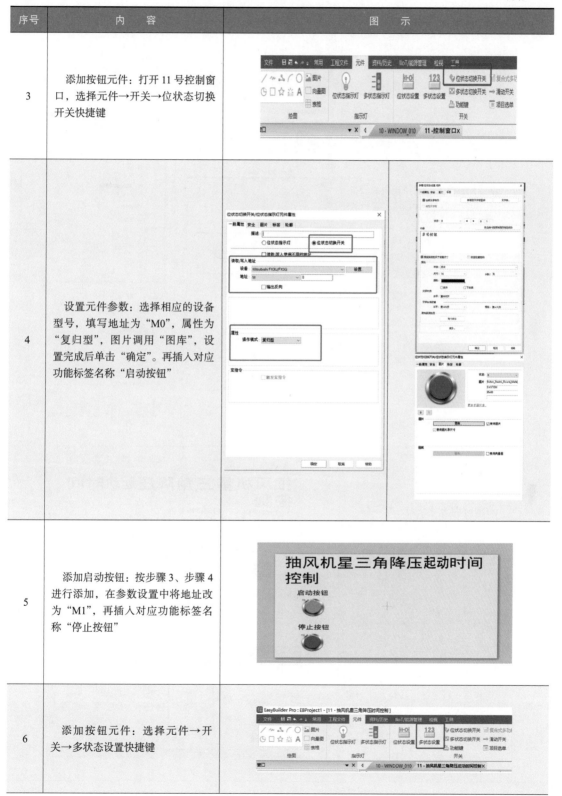
4	设置元件参数：选择相应的设备型号，填写地址为"M0"，属性为"复归型"，图片调用"图库"，设置完成后单击"确定"。再插入对应功能标签名称"启动按钮"	
5	添加启动按钮：按步骤3、步骤4进行添加，在参数设置中将地址改为"M1"，再插入对应功能标签名称"停止按钮"	
6	添加按钮元件：选择元件→开关→多状态设置快捷键	

（续）

序号	内 容	图 示
7	设置元件参数：选择相应的设备型号，填写地址为"D0"；属性模式选择"递加（JOG+）"，递加值为"10"，最大值上限为"100"；图片调用"图库"；设置完成后单击"确定"；再插入对应功能标签名称"时间递增按钮"	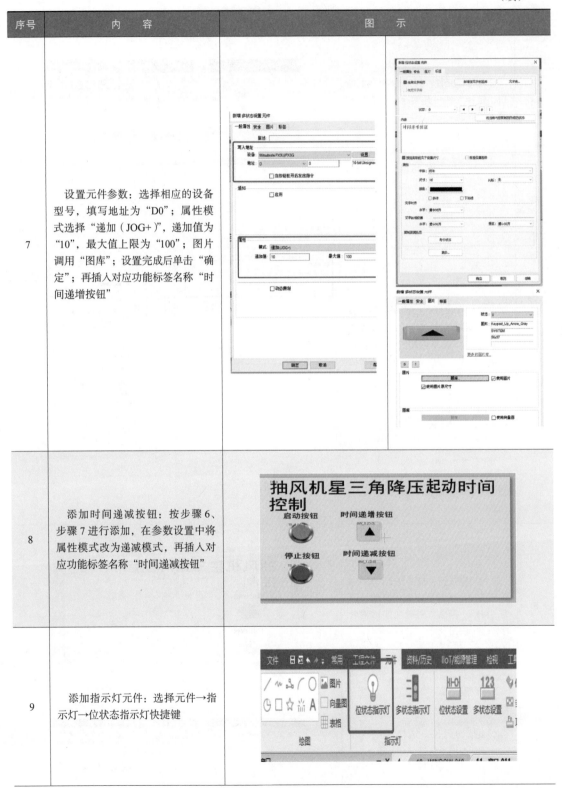
8	添加时间递减按钮：按步骤6、步骤7进行添加，在参数设置中将属性模式改为递减模式，再插入对应功能标签名称"时间递减按钮"	抽风机星三角降压起动时间控制
9	添加指示灯元件：选择元件→指示灯→位状态指示灯快捷键	

（续）

序号	内　容	图　示
10	设置元件参数：选择相应的设备型号，填写地址为"Y0"，图片调用"图库"，设置完成后单击"确定"。再插入对应功能标签名称"电动机运行指示灯"	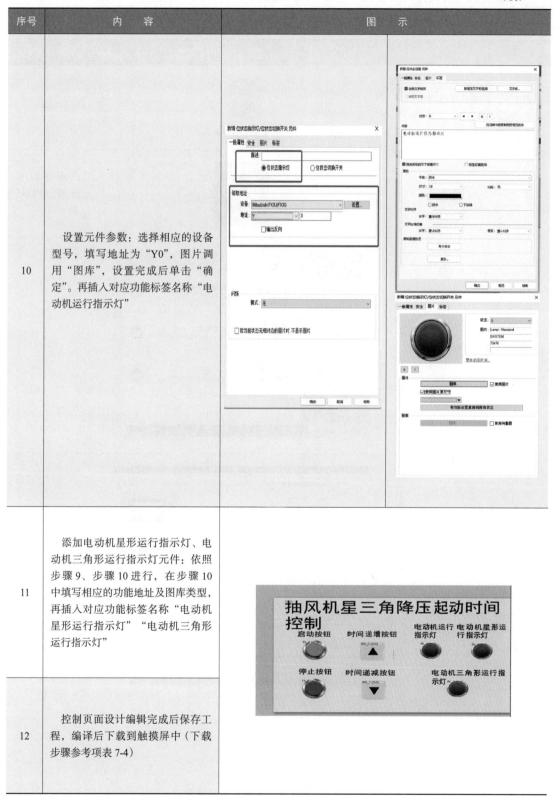
11	添加电动机星形运行指示灯、电动机三角形运行指示灯元件：依照步骤9、步骤10进行，在步骤10中填写相应的功能地址及图库类型，再插入对应功能标签名称"电动机星形运行指示灯""电动机三角形运行指示灯"	
12	控制页面设计编辑完成后保存工程，编译后下载到触摸屏中（下载步骤参考项表7-4）	

5. 触摸屏编辑软件使用步骤（项表7-4，需通电后才可以下载程序）

项表7-4　触摸屏编辑软件使用步骤

步　　骤	图　　示	备　　注
第1步：新建一个保存工程的文件夹	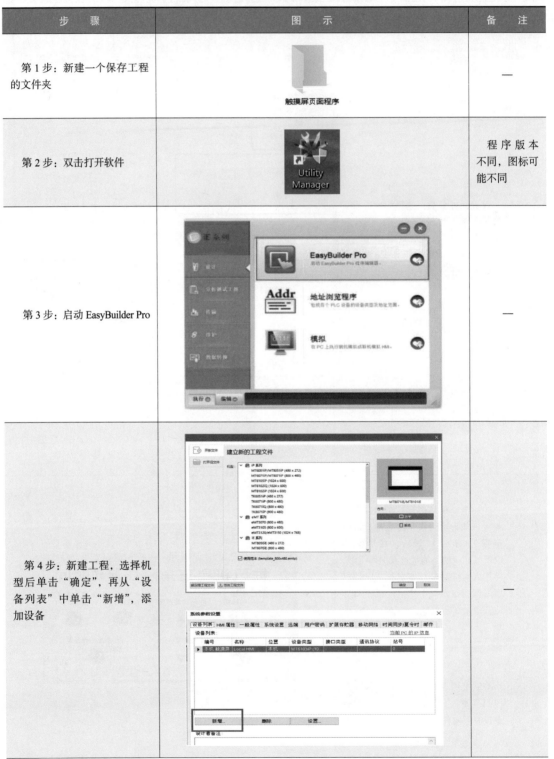 触摸屏页面程序	—
第2步：双击打开软件	Utility Manager	程序版本不同，图标可能不同
第3步：启动 EasyBuilder Pro		—
第4步：新建工程，选择机型后单击"确定"，再从"设备列表"中单击"新增"，添加设备		—

（续）

步　骤	图　　示	备　注
第5步：设置设备参数	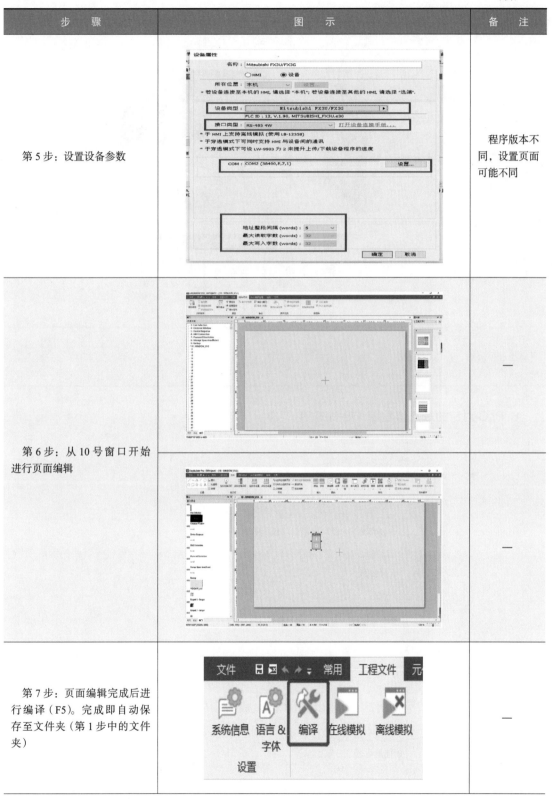	程序版本不同，设置页面可能不同
第6步：从10号窗口开始进行页面编辑		—
		—
第7步：页面编辑完成后进行编译（F5）。完成即自动保存至文件夹（第1步中的文件夹）		—

（续）

步　骤	图　示	备　注
第8步：连接触摸屏（HMI）与PLC	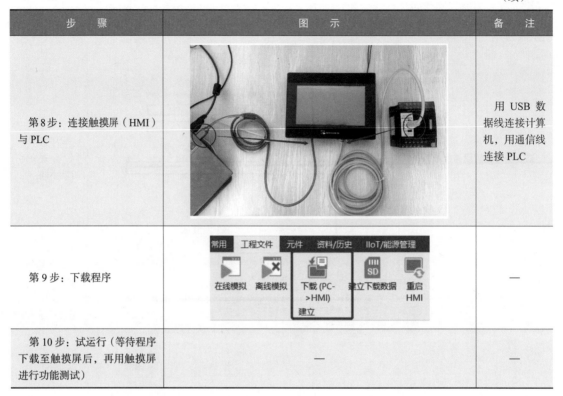	用 USB 数据线连接计算机，用通信线连接 PLC
第9步：下载程序	常用　工程文件　元件　资料/历史　IIoT/能源管理 在线模拟　离线模拟　下载 (PC->HMI)　建立下载数据　重启 HMI 建立	—
第10步：试运行（等待程序下载至触摸屏后，再用触摸屏进行功能测试）	—	—

6. PLC 对应的触摸屏程序（项图 7-3）

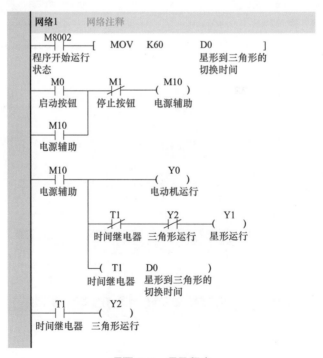

项图 7-3　项目程序

7. PLC 程序调试步骤（项表 7-5）

项表 7-5　PLC 程序调试步骤

操作步骤	操作内容	结　果	6S
第 1 步	将 RUN/STOP 开关拨到"STOP"位置		爱护实训设备
第 2 步	插座取电，合上漏电开关，PLC 实训板上电	PLC "PWR" 灯亮，触摸屏显示屏亮，上电成功	用电安全
第 3 步	连接触摸屏与计算机，将页面程序下载至触摸屏内	触摸屏页面重启	用电安全
第 4 步	按下启动按钮	电动机进行星形运转起动，电动机运转，电动机星形起动指示灯 Y0、Y1 变亮	爱护实训设备
第 5 步	等待 6s 后进行三角形运行	电动机运转，电动机三角形起动指示灯 Y0、Y2 变亮，电动机星形起动指示灯 Y1 灭	用电安全
第 6 步	按下停止按钮	电动机无论处在何种状态都停止运行，并且相应指示灯灭	用电安全
第 7 步	按下时间递增按钮或时间递减按钮	星形转换成三角形的时间变长或变短	用电安全
第 8 步	再次按下启动按钮	观察电动机星形转换成三角形的时间变化	用电安全
第 9 步	断开漏电开关，拔掉插头，实训板断电，触摸屏无电源	触摸屏显示屏灯灭	用电安全
第 10 步	整理实训板线路		恢复实训设备

8. 评分标准（项表 7-6）

项表 7-6　项目实施评分标准

项目内容	配分	评分标准	评分依据	得分
职业素养	20 分	遵守规章制度、劳动纪律	1）出勤 2）工作态度 3）劳动纪律 4）团队协作精神 5）6S	
		按时按质完成工作任务		
		积极主动承担工作任务，勤学好问		
		人身安全与设备安全		
		工作岗位 6S		

（续）

项目内容	配分	评分标准	评分依据	得分
专业能力	60分	掌握触摸屏页面编辑软件新建工程的使用步骤	1）操作的准确性与规范性 2）项目完成情况	
		掌握触摸屏外部接线的方法		
		掌握触摸屏多状态设置元件插入及参数设置方法		
		掌握使用触摸屏多状态设置元件及按钮、指示灯元件进行工程页面设计		
		掌握项目实施过程中的6S要点		
		掌握项目实施安全规范标准		
		独立完成项目实训		
创新能力	20分	在任务过程中能提出自己的有见解的方案	1）方法可行性 2）建议合理性、创新性 3）题目关联性	
		在教学管理上能提出建议，具有合理性、创新性		
		在项目实施过程中，能根据项目设备设计关联题目，开展编程实训		
定额时间	0.5h，每超过5min（不足5min以5min计）		扣5分	
备注	除了定额时间，各项目的最高扣分不应超过配分数		成绩	
开始时间		结束时间	实际时间	

9. 项目扩展

设备运转后，车间领导感觉电动机运转模式的时间这样增加或减少有点不够精准，因此想在之前的"抽风机星三角降压起动时间控制"工程页面的基础上增加可以自己直接设置电动机星三角切换时间的功能。请根据要求设计新的"抽风机星三角降压起动时间控制"工程页面，并将设计方法在下方写出。

项目 8　花样喷泉时间控制系统页面设计

【工作情景】

某新广场要用触摸屏对广场外部喷泉池里的 A、B、C 三组喷头进行花样喷泉动作测试，现在要求工程技术人员设计出触摸屏控制花样喷泉调试页面并进行调试；在调试页中要有可以控制喷泉的启动按钮、停止按钮、喷头运行状态指示灯，以及喷泉时间设定按钮、设置元件，要求如下：

1）按下启动按钮，由单组喷头→双组喷头→单组喷头，一直循环。

① 单组喷头 A 进行喷水，A 喷水 2s 后起动喷头 B，B 喷水 2s 后，起动喷头 C，A、B、C 一起喷水 2s 后喷头都关闭。

② 双组喷头 A、B 一起进行喷水，A、B 喷水 3s 后，起动喷头 B、喷头 C 喷水，同时喷头 A 停止；喷头 B、喷头 C 喷水 3s 后，起动喷头 A、喷头 C 喷水，同时喷头 B 停止；喷头 A、喷头 C 喷水 3s 后再转化成单组喷头。

2）按下停止按钮，喷泉不管处于何种状态都停止喷水。

3）要求调试页面中可以进行喷头时间控制数值的设定及喷头状态显示。

4）页面中各个窗口、元件应有对应的功能标签。

现在，硬件已经安装完毕，需要触摸屏页面对此进行调试，以便设备可以正常投入使用。

【工作任务】

花样喷泉时间控制系统页面的设计实训。

【完成时间】

此工作任务完成时间为 6 课时，指导性课时安排见项表 8-1。

项表 8-1　指导性课时安排

课　时	内　容	备　注
1~3	引入课题、了解触摸屏（HMI）控制原理、绘制触摸屏线图、绘制 I/O 分配表、熟悉页面编程操作、进行项目编程练习	
4~6	编程实训，进行项目扩展练习	

【任务目标】

某商场的花样喷泉时间控制系统要在触摸屏上进行控制调试，通过触摸屏页面编程软件进行页面设计。

【任务要求】

1）绘制 I/O 分配表与触摸屏接线图。

2）以 6S 作业规范来实施项目。

3）完成触摸屏时间数值设置元件、位状态设置的添加及使用。

4）完成通电前的线路排查。

5）完成画面控制认证。

6）严格按照第 1 章的安全规范标准实施本项目。

【学习目标】

1）掌握页面编程软件的使用步骤。

2）掌握 I/O 分配表的分配方法。

3）掌握触摸屏（HMI）接线的方法。

4）掌握时间数值设定元件及位状态设置元件的使用方法。

5）掌握项目实施过程中的 6S 要点。

6）掌握项目实施安全规范标准。

【项目实施】

1. 项目实施流程（项图 8-1）

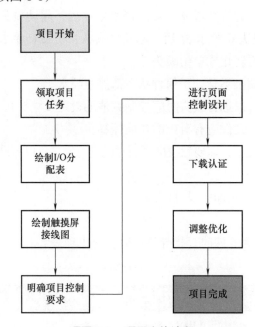

项图 8-1　项目实施流程

2. 写出 I/O 地址分配

本项目的 I/O 分配见项表 8-2。

项表 8-2　输入 / 输出（I/O）分配

输　　入		输　　出	
功　　能	PLC 地址	功　　能	PLC 地址
停止按钮	M0	喷头 A 指示灯	Y0
启动按钮	M1	喷头 B 指示灯	Y1
单 - 写入按钮	M2	喷头 C 指示灯	Y2
双 - 写入按钮	M3	—	—
单组喷头时间设定	D0	—	—
双组喷头时间设定	D2	—	—

3. 画出触摸屏接线图

本项目的触摸屏接线图如项图 8-2 所示。

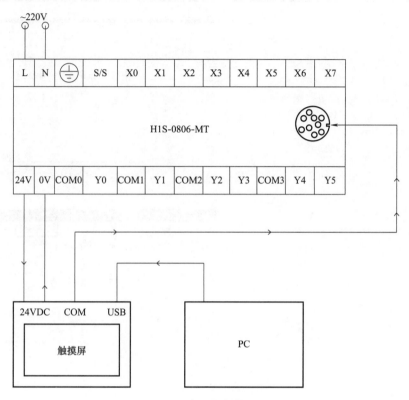

项图 8-2 触摸屏接线图

4. 页面设计

根据项目控制要求分析，设计项目要求页面，见项表 8-3。

项表 8-3 项目页面设计步骤

序号	内 容	图 示
1	新建触摸屏页面工程文件	

（续）

序号	内　容	图　示
2	新增窗口：将鼠标移动到 11 号窗口标号处右击，选择"新增"，将窗口名称改为"控制窗口"，在该页面顶部插入标题"花样喷泉时间控制系统"，字体"黑体"，字号"46"，颜色"深蓝"，并创建 10 号窗口与 11 号窗口切换功能键	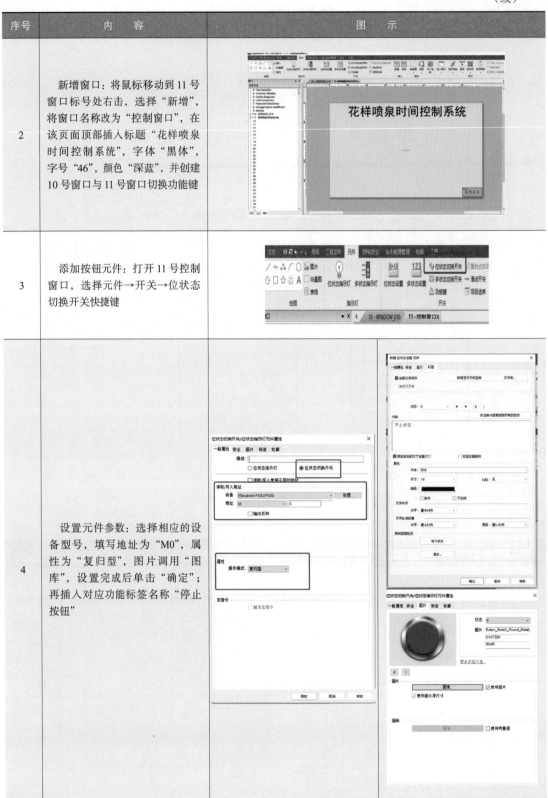
3	添加按钮元件：打开 11 号控制窗口，选择元件→开关→位状态切换开关快捷键	
4	设置元件参数：选择相应的设备型号，填写地址为"M0"，属性为"复归型"，图片调用"图库"，设置完成后单击"确定"；再插入对应功能标签名称"停止按钮"	

（续）

序号	内 容	图 示
5	添加启动按钮：按步骤 3、步骤 4 进行添加，在参数设置中将地址改为"M1"，再插入对应功能标签名称"启动按钮"	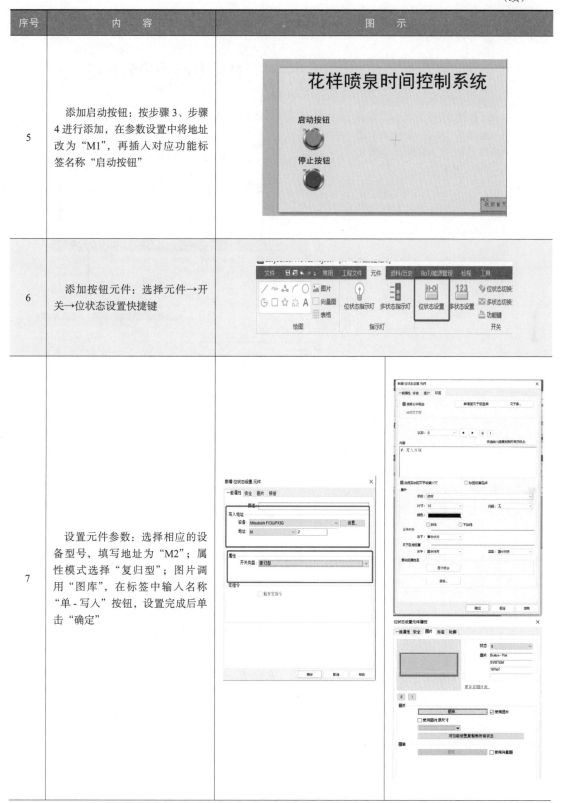
6	添加按钮元件：选择元件→开关→位状态设置快捷键	
7	设置元件参数：选择相应的设备型号，填写地址为"M2"；属性模式选择"复归型"；图片调用"图库"，在标签中输入名称"单 - 写入"按钮，设置完成后单击"确定"	

（续）

序号	内　容	图　示
8	添加双 - 写入按钮：按步骤 6、步骤 7 进行添加，在参数设置中将地址改为 "M3"，在标签中输入名称 "双 - 写入按钮"，设置完成后单击 "确定"	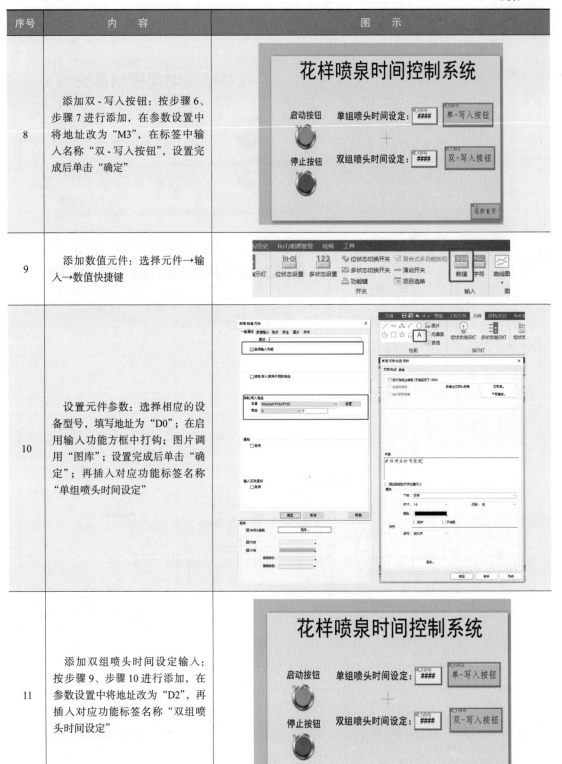
9	添加数值元件：选择元件→输入→数值快捷键	
10	设置元件参数：选择相应的设备型号，填写地址为 "D0"；在启用输入功能方框中打钩；图片调用 "图库"；设置完成后单击 "确定"；再插入对应功能标签名称 "单组喷头时间设定"	
11	添加双组喷头时间设定输入：按步骤 9、步骤 10 进行添加，在参数设置中将地址改为 "D2"，再插入对应功能标签名称 "双组喷头时间设定"	

（续）

序号	内 容	图 示
12	添加指示灯元件：选择元件→指示灯→位状态指示灯快捷键	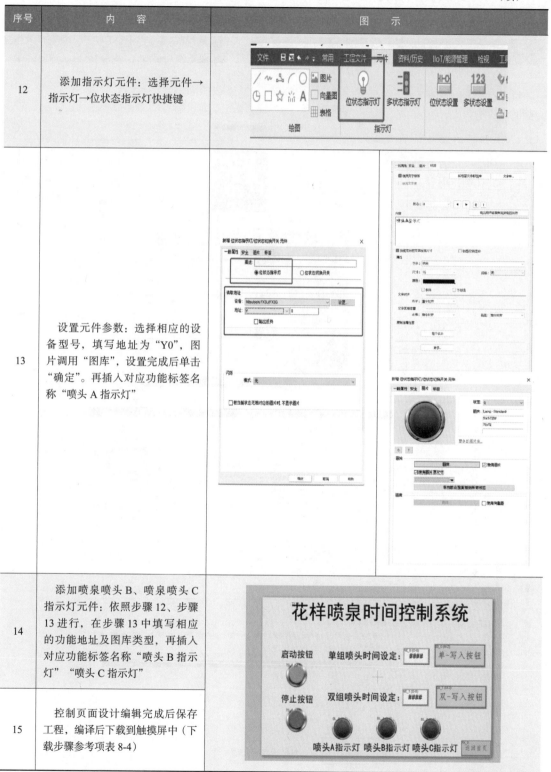
13	设置元件参数：选择相应的设备型号，填写地址为"Y0"，图片调用"图库"，设置完成后单击"确定"。再插入对应功能标签名称"喷头A指示灯"	
14	添加喷泉喷头B、喷泉喷头C指示灯元件：依照步骤12、步骤13进行，在步骤13中填写相应的功能地址及图库类型，再插入对应功能标签名称"喷头B指示灯""喷头C指示灯"	
15	控制页面设计编辑完成后保存工程，编译后下载到触摸屏中（下载步骤参考项表8-4）	

5. 触摸屏编辑软件使用步骤（项表8-4，需通电后才可以下载程序）

项表 8-4　触摸屏编辑软件使用步骤

步　骤	图　示	备　注
第1步：新建一个保存工程用的文件夹	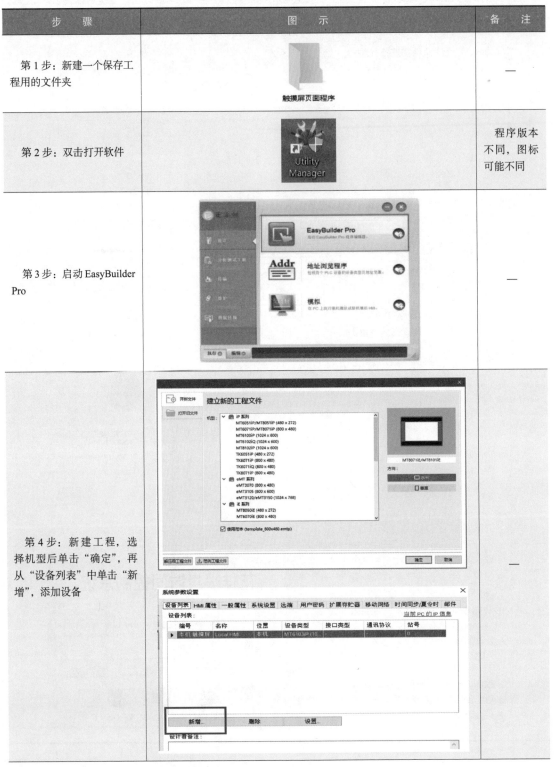	—
第2步：双击打开软件		程序版本不同，图标可能不同
第3步：启动 EasyBuilder Pro		—
第4步：新建工程，选择机型后单击"确定"，再从"设备列表"中单击"新增"，添加设备		—

（续）

步　　骤	图　　示	备　注
第 5 步：设置设备参数	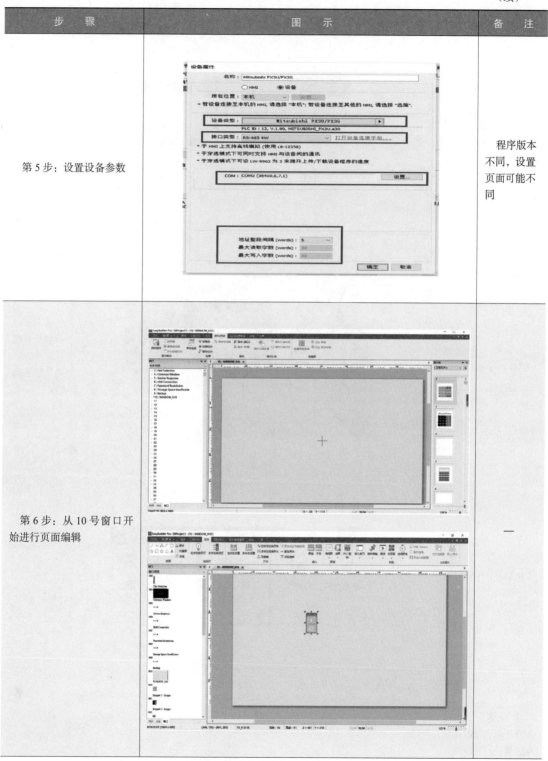	程序版本不同，设置页面可能不同
第 6 步：从 10 号窗口开始进行页面编辑		—

（续）

步　骤	图　示	备　注
第 7 步：页面编辑完成后进行编译（F5）。完成即自动保存至文件夹（第 1 步中的文件夹）		—
第 8 步：连接触摸屏（HMI）与 PLC		用 USB 数据线连接计算机，用通信线连接 PLC
第 9 步：下载程序		—
第 10 步：试运行（等待程序下载至触摸屏后，再用触摸屏进行功能测试）	—	—

6. PLC 对应的触摸屏程序（项图 8-3）

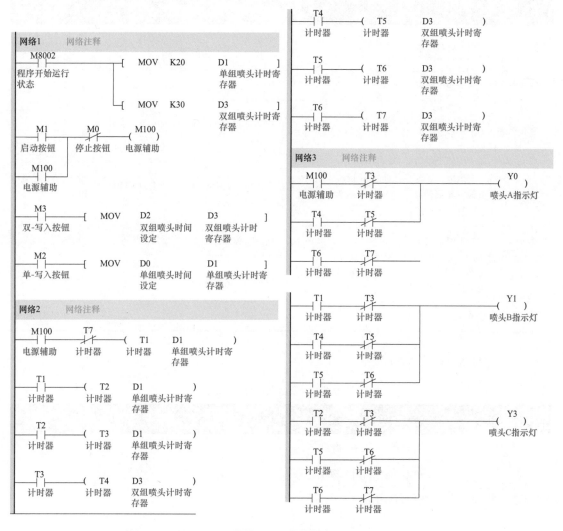

项图 8-3　项目程序

7. PLC 程序调试步骤（项表 8-5）

项表 8-5　PLC 程序调试步骤

操作步骤	操作内容	结果	6S
第 1 步	将 RUN/STOP 开关拨到"STOP"位置		爱护实训设备
第 2 步	插座取电，合上漏电开关，PLC 实训板上电	PLC"PWR"灯亮，触摸屏显示屏亮，上电成功	用电安全
第 3 步	连接触摸屏与计算机，将页面程序下载至触摸屏内	触摸屏页面重启	

（续）

操作步骤	操作内容	结　果	6S
第4步	按下启动按钮	喷头A喷水，相隔2s喷头B、喷头C相继开启，相应指示灯变亮	爱护实训设备
第5步	按下停止按钮	所有喷头停止喷水，指示灯都熄灭	用电安全
第6步	单组喷头喷水时间间隔可手动更改，如果设定单组喷头时间为3s，按下"单-写入按钮"，再按下启动按钮	喷头A喷水，相隔3s喷头B、喷头C相继开启，相应指示灯变亮	用电安全
第7步	类似地，双组喷头的时间间隔也可手动更改，如果设定双组喷头时间为4s，按下"双-写入按钮"	在走完单组喷头后，系统会以相隔4s来起动双组喷头，相应指示灯变亮	用电安全
第8步	按下停止按钮	所有喷头停止喷水，指示灯都熄灭	用电安全
第9步	断开漏电开关，拔掉插头，实训板断电，触摸屏无电源	触摸屏显示屏灯灭	用电安全
第10步	整理实训板线路		恢复实训设备

8. 评分标准（项表8-6）

项表8-6　项目实施评分标准

项目内容	配分	评分标准	评分依据	得分
职业素养	20分	遵守规章制度、劳动纪律	1）出勤 2）工作态度 3）劳动纪律 4）团队协作精神 5）6S	
		按时按质完成工作任务		
		积极主动承担工作任务，勤学好问		
		人身安全与设备安全		
		工作岗位6S		
专业能力	60分	掌握触摸屏页面编辑软件新建工程的使用步骤	1）操作的准确性与规范性 2）项目完成情况	
		掌握触摸屏外部接线的方法		
		掌握触摸屏位状态设置元件、数值设置元件插入及参数设置方法		
		掌握使用触摸屏位状态设置元件及数值设置元件进行工程页面设计		
		掌握项目实施过程中的6S要点		
		掌握项目实施安全规范标准		
		独立完成项目实训		

（续）

项目内容	配分	评分标准		评分依据	得分
创新能力	20 分	在任务过程中能提出自己的有见解的方案	1）方法可行性 2）建议合理性、创新性 3）题目关联性		
		在教学管理上能提出建议，具有合理性、创新性			
		在项目实施过程中，能根据项目设备设计关联题目，开展编程实训			
定额时间	0.5h，每超过 5min（不足 5min 以 5min 计）			扣 5 分	
备注	除了定额时间，各项目的最高扣分不应超过配分数			成绩	
开始时间		结束时间		实际时间	

9. 项目扩展

广场用触摸屏的花样喷泉控制工程页面对广场外部的喷泉池进行了花样喷水调试，控制上能满足要求，但无法看到喷头进行切换时所设定的时间。要求工程技术人员在此基础上增加可看出单、双组喷头已经设定的时间的功能。请根据要求重新设计"花样喷泉时间控制系统"工程页面，并将设计方法在下方写出。

项目 9　花样喷泉报警系统页面设计

【工作情景】

某新广场要用触摸屏对广场外部的喷泉进行花样喷泉动作调试，公司领导到现场检查工作时发现触摸屏页面中缺少急停按钮，而且无喷泉设备（电动机）问题的报警页面。现在，要求工程技术人员完善并设计出触摸屏控制"花样喷泉报警系统"的页面，要求如下：

1）报警系统的页面中包含两组报警：①当电动机温度高于70℃时会提示报警；②当按下急停按钮时会得到提示。

2）页面中各个窗口、元件应有对应的功能标签。

现在，硬件已经安装完毕，需要触摸屏页面对此进行调试，以便设备可以正常投入使用。

【工作任务】

花样喷泉报警系统页面的设计实训。

【完成时间】

此工作任务完成时间为10课时，指导性课时安排见项表9-1。

项表 9-1　指导性课时安排

课　　时	内　　容	备　注
1～5	引入课题、了解触摸屏（HMI）控制原理、绘制触摸屏接线图、绘制 I/O 分配表、熟悉页面编程操作、进行项目编程练习	
6～10	编程实训，进行项目扩展练习	

【任务目标】

通过触摸屏页面编程软件设计出花样喷泉报警系统页面。

【任务要求】

1）绘制 I/O 分配表与触摸屏接线图。

2）以 6S 作业规范来实施项目。

3）完成触摸屏报警登录元件、报警显示元件的添加及使用。

4）完成通电前的线路排查。

5）完成页面控制认证。

6）严格按照第 1 章的安全规范标准实施本项目。

【学习目标】

1）掌握页面编程软件的使用步骤。

2）掌握 I/O 分配表的分配方法。

3）掌握触摸屏（HMI）接线的方法。

4）掌握使用报警登录元件、报警显示元件的方法。

5）掌握项目实施过程中的 6S 要点。

6）掌握项目实施安全规范标准。

【项目实施】

1. 项目实施流程（项图 9-1）

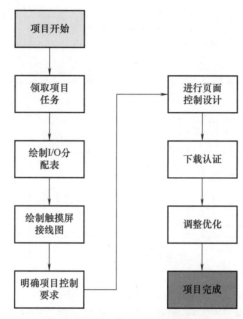

项图 9-1　项目实施流程

2. 写出 I/O 地址分配

本项目的 I/O 分配见项表 9-2。

项表 9-2　输入 / 输出（I/O）分配

输　入		输　出	
功　能	PLC 地址	功　能	PLC 地址
急停按钮	M4	电动机报警指示灯	D10
电动机温度显示	D10	—	—

3. 画出触摸屏接线图

本项目的触摸屏接线图如项图 9-2 所示。

4. 页面设计

根据项目控制要求分析，设计项目要求页面，见项表 9-3。

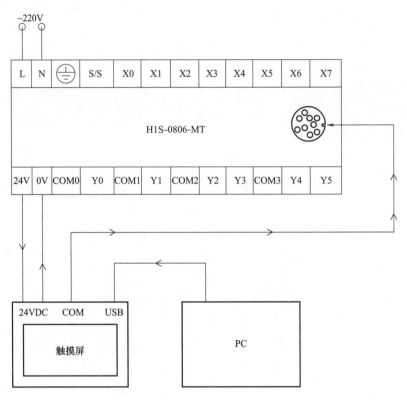

项图 9-2　触摸屏接线图

项表 9-3　项目页面设计步骤

序号	内　容	图　示
1	新增窗口：在"项目 8　花样喷泉时间控制系统"工程页面中将鼠标移动到 12 号窗口标号处右击，选择"新增"，添加"报警窗口"，在该页面顶部插入标题"花样喷泉报警系统"，字体"黑体"，字号"46"，颜色"深蓝"，并创建 12 号窗口与其他号窗口切换功能键	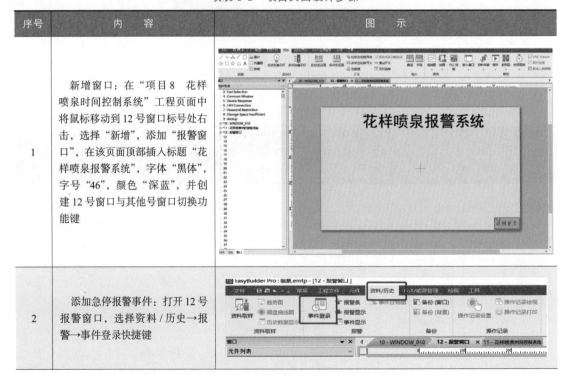
2	添加急停报警事件：打开 12 号报警窗口，选择资料 / 历史→报警→事件登录快捷键	

（续）

序号	内　容	图　示
3	设置元件参数：单击"新增"，添加急停报警，选择地址类型为"位"，读取地址是急停按钮的地址"M4"，触发条件为"ON"；在信息选项中填写内容"请复位急停按钮"，字体"黑体"，颜色"红色"，单击"确定"	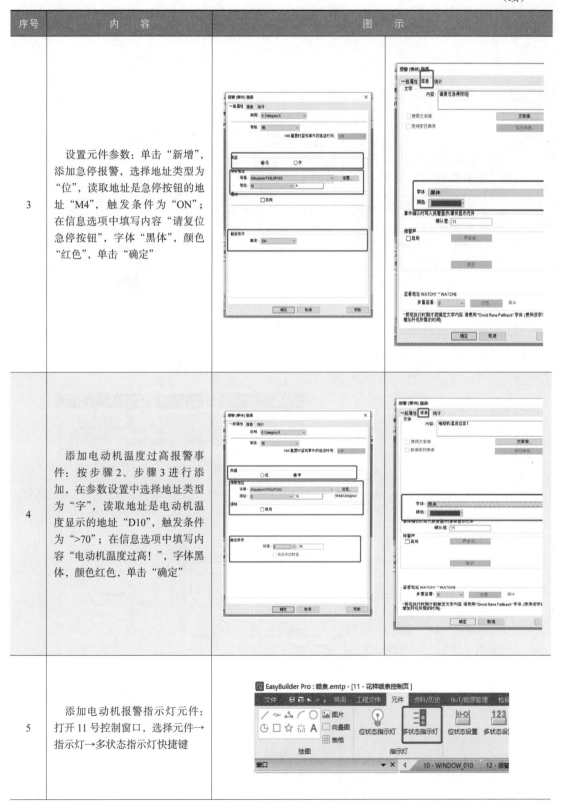
4	添加电动机温度过高报警事件：按步骤2、步骤3进行添加，在参数设置中选择地址类型为"字"，读取地址是电动机温度显示的地址"D10"，触发条件为">70"；在信息选项中填写内容"电动机温度过高！"，字体黑体，颜色红色，单击"确定"	
5	添加电动机报警指示灯元件：打开11号控制窗口，选择元件→指示灯→多状态指示灯快捷键	

（续）

序号	内　容	图　示
6	设置元件参数：模式选择"数据"，偏移量为"70"；选择相应的设备型号，填写地址为"D10"；属性状态数为"2"；图片调用"图库"，设置完成后单击"确定"；再插入对应功能标签名称"电动机报警指示灯"	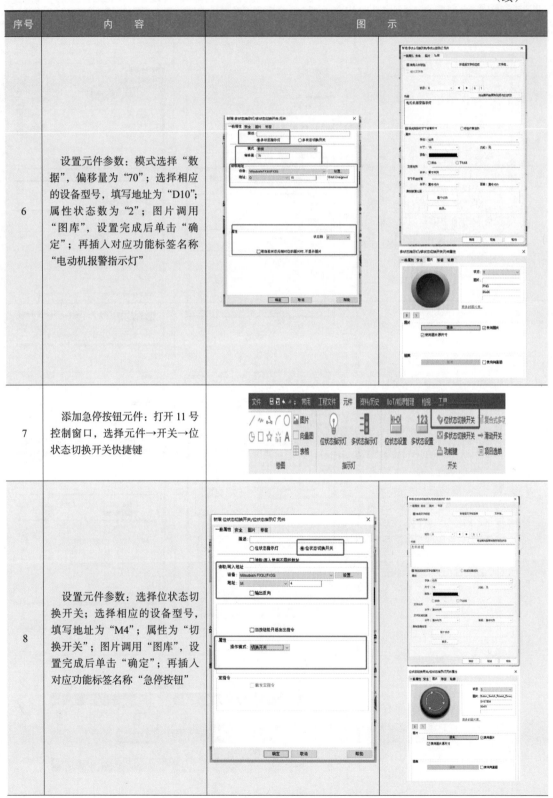
7	添加急停按钮元件：打开 11 号控制窗口，选择元件→开关→位状态切换开关快捷键	
8	设置元件参数：选择位状态切换开关；选择相应的设备型号，填写地址为"M4"；属性为"切换开关"；图片调用"图库"，设置完成后单击"确定"；再插入对应功能标签名称"急停按钮"	

（续）

序号	内　容	图　示
9	添加数值元件（模拟电动机温度输入）：选择元件→输入→数值快捷键	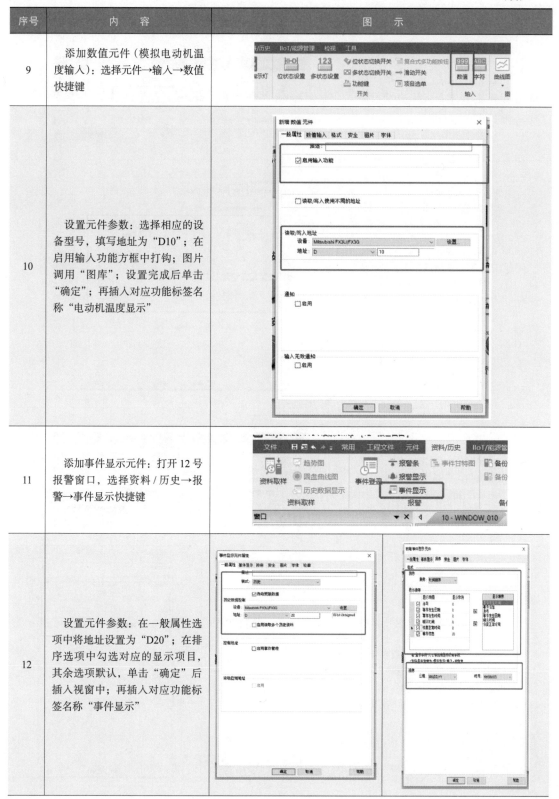
10	设置元件参数：选择相应的设备型号，填写地址为"D10"；在启用输入功能方框中打钩；图片调用"图库"；设置完成后单击"确定"；再插入对应功能标签名称"电动机温度显示"	
11	添加事件显示元件：打开12号报警窗口，选择资料/历史→报警→事件显示快捷键	
12	设置元件参数：在一般属性选项中将地址设置为"D20"；在排序选项中勾选对应的显示项目，其余选项默认，单击"确定"后插入视窗中；再插入对应功能标签名称"事件显示"	

（续）

序号	内　容	图　示
13	添加事件显示元件：打开 12 号报警窗口，选择资料 / 历史→报警→报警显示快捷键	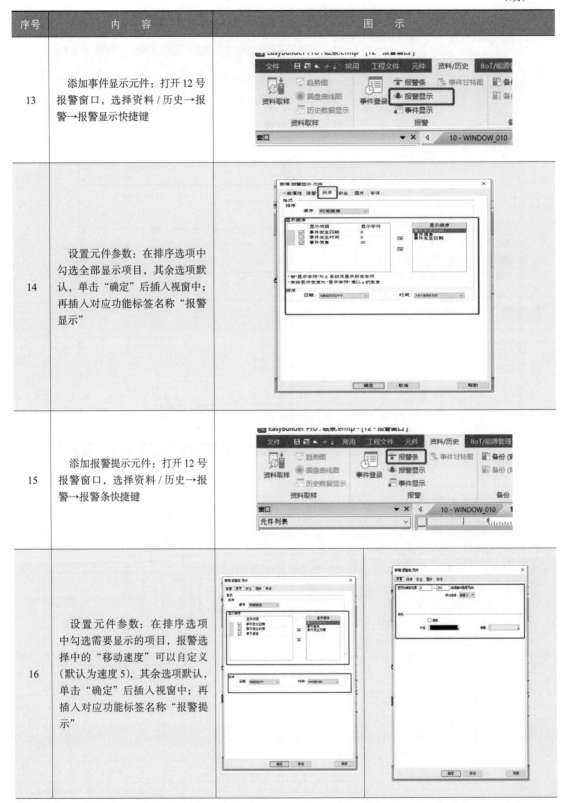
14	设置元件参数：在排序选项中勾选全部显示项目，其余选项默认，单击"确定"后插入视窗中；再插入对应功能标签名称"报警显示"	
15	添加报警提示元件：打开 12 号报警窗口，选择资料 / 历史→报警→报警条快捷键	
16	设置元件参数：在排序选项中勾选需要显示的项目，报警选择中的"移动速度"可以自定义（默认为速度 5），其余选项默认，单击"确定"后插入视窗中；再插入对应功能标签名称"报警提示"	

（续）

序号	内 容	图 示
17	报警页面设计编辑完成后保存工程，编译后下载到触摸屏中（下载步骤参考项表 9-4）	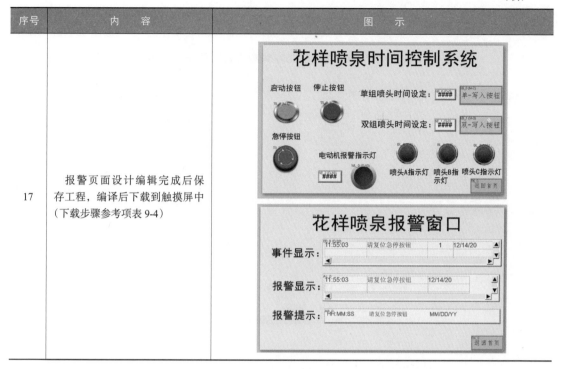

5. 触摸屏编辑软件使用步骤（项表 9-4，需通电后才可以下载程序）

项表 9-4　触摸屏编辑软件使用步骤

步 骤	图 示	备 注
第 1 步：新建一个保存工程用的文件夹	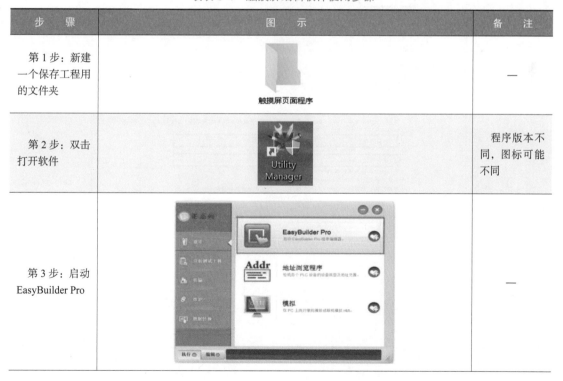	—
第 2 步：双击打开软件		程序版本不同，图标可能不同
第 3 步：启动 EasyBuilder Pro		—

（续）

步　骤	图　示	备　注
第 4 步：新建工程，选择机型后单击"确定"，再从"设备列表"中单击"新增"，添加设备	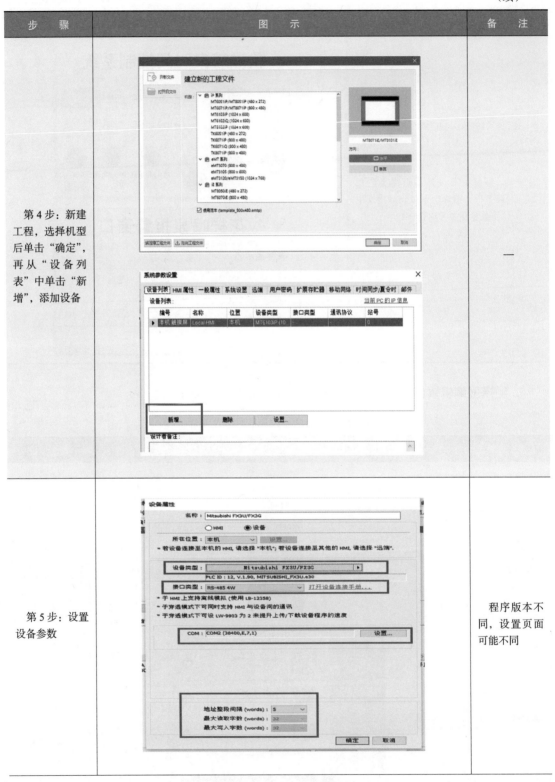	—
第 5 步：设置设备参数		程序版本不同，设置页面可能不同

（续）

步　　骤	图　　示	备　注
第 6 步：从 10 号窗口开始进行页面编辑	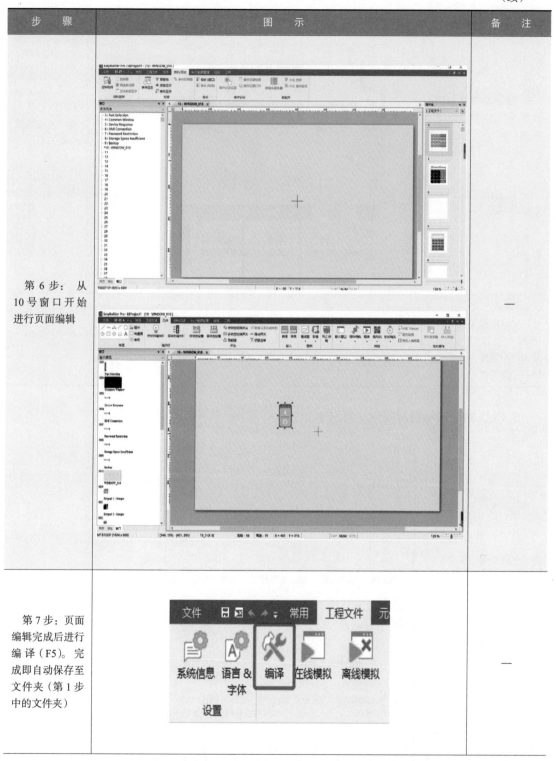	—
第 7 步：页面编辑完成后进行编译（F5）。完成即自动保存至文件夹（第 1 步中的文件夹）		—

（续）

步　骤	图　示	备　注
第8步：连接触摸屏（HMI）与 PLC	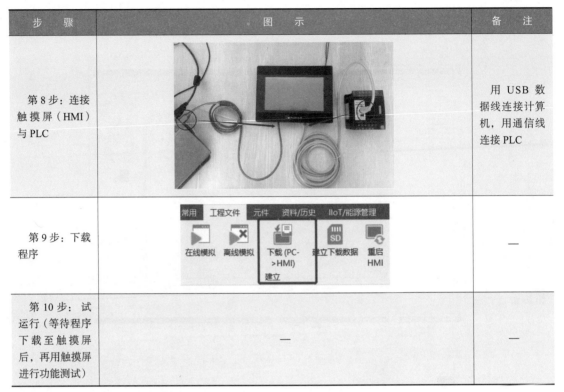	用 USB 数据线连接计算机，用通信线连接 PLC
第9步：下载程序	常用　工程文件　元件　资料/历史　IIoT/能源管理 在线模拟　离线模拟　下载（PC->HMI）建立　建立下载数据　SD　重启 HMI	—
第10步：试运行（等待程序下载至触摸屏后，再用触摸屏进行功能测试）	—	—

6. PLC 对应的触摸屏程序（项图 9-3）

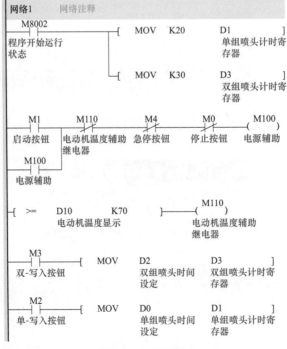

项图 9-3　项目程序

7. PLC 程序调试步骤（项表 9-5）

项表 9-5　PLC 程序调试步骤

操作步骤	操作内容	结　果	6S
第 1 步	将 RUN/STOP 开关拨到"STOP"位置		爱护实训设备
第 2 步	插座取电，合上漏电开关，PLC 实训板上电	PLC "PWR" 灯亮，触摸屏显示屏亮，上电成功	用电安全
第 3 步	连接触摸屏与计算机，将页面程序下载至触摸屏内	触摸屏页面重启	
第 4 步	按下急停按钮	所有喷头停止喷水，指示灯都熄灭；报警窗口中事件显示、报警显示、报警提示都发出"请复位急停按钮"的报警信号	爱护实训设备
第 5 步	松开急停按钮	报警窗口的事件显示中记录报警记录，报警提示、报警显示都恢复正常	用电安全
第 6 步	手动输入电动机模拟温度（≥ 70℃）	电动机报警指示灯亮；报警窗口中报警显示、事件显示、报警提示都发出"电动机温度过高！"的报警信号	用电安全
第 7 步	手动输入电动机模拟温度（< 70℃）	电动机报警指示灯灭；报警窗口的事件显示中记录报警记录，报警提示、报警显示都恢复正常	用电安全
第 8 步	按下启动按钮	喷泉正常起动	用电安全
第 9 步	断开漏电开关，拔掉插头，实训板断电，触摸屏无电源	触摸屏显示屏灯灭	用电安全
第 10 步	整理实训板线路		恢复实训设备

8. 评分标准（项表 9-6）

项表 9-6　项目实施评分标准

项目内容	配分	评分标准	评分依据	得分
职业素养	20分	遵守规章制度、劳动纪律 按时按质完成工作任务 积极主动承担工作任务，勤学好问 人身安全与设备安全 工作岗位 6S	1）出勤 2）工作态度 3）劳动纪律 4）团队协作精神 5）6S	

（续）

项目内容	配分	评分标准	评分依据	得分
专业能力	60分	掌握触摸屏页面编辑软件新建工程的使用步骤	1）操作的准确性与规范性 2）项目完成情况	
		掌握触摸屏外部接线的方法		
		掌握触摸屏报警显示、报警提示及报警事件登录、显示等元件插入及参数设置方法		
		掌握使用触摸屏报警元件、指示灯元件及状态设置开关进行工程报警页面设计		
		掌握项目实施过程中的6S要点		
		掌握项目实施安全规范标准		
		独立完成项目实训		
创新能力	20分	在任务过程中能提出自己的有见解的方案	1）方法可行性 2）建议合理性、创新性 3）题目关联性	
		在教学管理上能提出建议，具有合理性、创新性		
		在项目实施过程中，能根据项目设备设计关联题目，开展编程实训		
定额时间	0.5h，每超过5min（不足5min以5min计）		扣5分	
备注	除了定额时间，各项目的最高扣分不应超过配分数		成绩	
开始时间		结束时间	实际时间	

9. 巩固练习

1）请说出在设计触摸屏报警页面时使用了哪些报警元件，它们分别有什么功能特点？

2）请看项图9-4回答问题，说出方框中报警信息的报警内容、触发条件及地址类型。

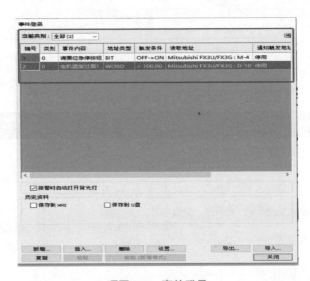

项图9-4　事件登录

项目 10　花样喷泉喷头流量监视页面设计

【工作情景】

某新广场要用触摸屏对广场外部的喷泉进行花样喷泉动作调试，希望在触摸屏中可以监视喷泉喷头的水流量。要求工程技术人员设计出触摸屏"花样喷泉喷头流量监视"的页面，要求如下：

1）监测页面中要有对喷头 A、B、C 的流量监视。

2）喷头的流量监视以趋势图、数据的形式显示。

3）监视页面中要设置对于趋势图控制起"暂停"及"停止"作用的按钮。

4）监视页面中要有可以查询喷头流量的历史数据显示。

5）页面中各个窗口、元件应有对应的功能标签。

由于硬件安装还未完成，可以先用触摸屏内的本机地址进行工程页面的设计调试。

【工作任务】

花样喷泉喷头流量监视页面的设计实训。

【完成时间】

此工作任务完成时间为 10 课时，指导性课时安排见项表 10-1。

项表 10-1　指导性课时安排

课　　时	内　　容	备　　注
1～5	引入课题、了解触摸屏（HMI）控制原理、绘制触摸屏接线图、绘制 I/O 分配表、熟悉页面编程操作、进行项目编程练习	
6～10	编程实训，进行项目扩展练习	

【任务目标】

通过触摸屏页面编程软件设计出花样喷泉喷头流量监视页面。

【任务要求】

1）绘制 I/O 分配表与触摸屏接线图。

2）以 6S 作业规范来实施项目。

3）完成触摸屏资料取样元件、趋势图元件、历史数据显示元件的添加及使用。

4）完成通电前的线路排查。

5）完成页面控制认证。

6）严格按照第 1 章的安全规范标准实施本项目。

【学习目标】

1）掌握页面编程软件的使用步骤。

2）掌握 I/O 分配表的分配方法。

3）掌握触摸屏（HMI）接线的方法。

4）掌握使用资料取样元件、趋势图元件和历史数据显示元件的方法。

5）掌握项目实施过程中的 6S 要点。

6）掌握项目实施安全规范标准。

【项目实施】

1. 项目实施流程（项图 10-1）

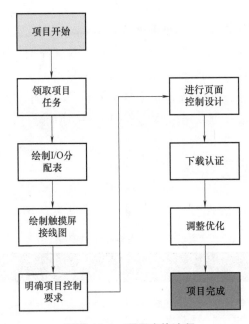

项图 10-1　项目实施流程

2. 写出 I/O 地址分配

本项目的 I/O 分配见项表 10-2。

项表 10-2　输入 / 输出（I/O）分配

输　　入		输　　出	
功　能	本机地址	功　能	本机地址
清除按钮	LB5	喷头 A 流量寄存器	LW6
暂停按钮	LB6	喷头 B 流量寄存器	LW7
—	—	喷头 C 流量寄存器	LW8

3. 画出触摸屏接线图

本项目的触摸屏接线图如项图 10-2 所示。

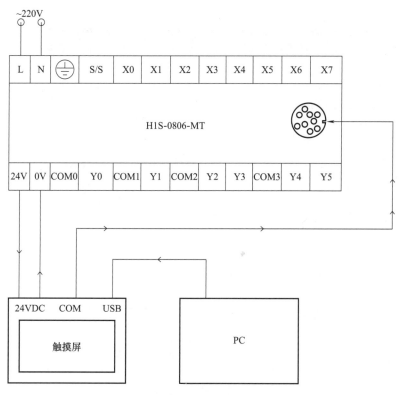

项图 10-2　触摸屏接线图

4. 页面设计

根据项目控制要求分析，设计项目要求页面，见项表 10-3。

项表 10-3　项目页面设计步骤

序号	内　　容	图　　示
1	新增窗口：在"项目 8　花样喷泉时间控制系统"工程页面中将鼠标移动到 13 号窗口标号处右击，选择"新增"，添加"监视窗口"，在该页面顶部插入标题"花样喷泉喷头流量监视"，字体"黑体"，字号"46"，颜色"深蓝"，并创建 13 号窗口与其他号窗口切换功能键	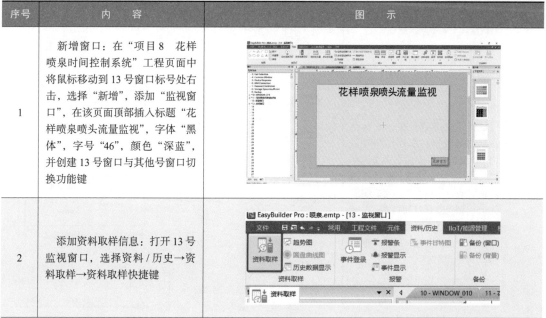
2	添加资料取样信息：打开 13 号监视窗口，选择资料/历史→资料取样→资料取样快捷键	

（续）

序号	内　容	图　示
3	设置元件参数：单击"新增"，选择取样方式为"周期式"，采样周期为"1秒"；选择相应的设备监视数据来源，这里选择本机触摸屏地址"LW6"；将清除实时数据地址的"启用"勾选，并填写地址"LB5"，触发方式为"OFF->ON"；将暂停取样控制地址的"启用"勾选，并填写地址"LB6"，触发方式为"ON"；勾选"保存到HMI"	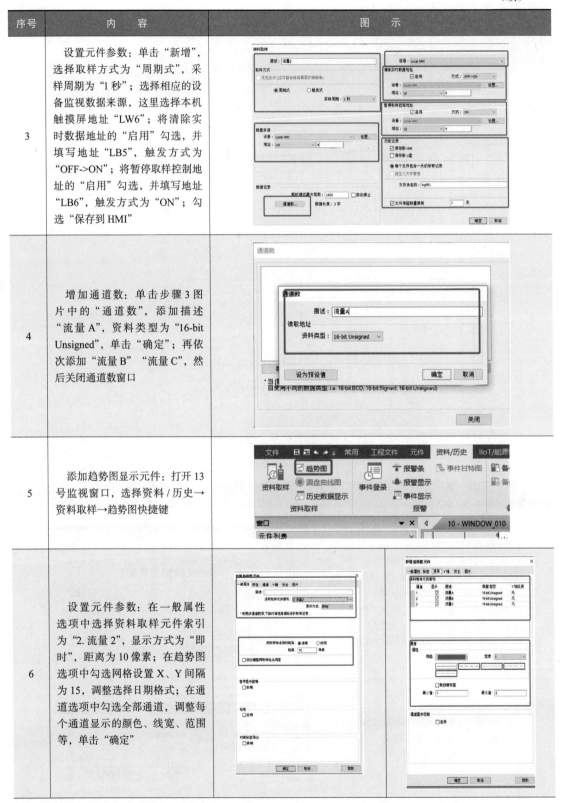
4	增加通道数：单击步骤3图片中的"通道数"，添加描述"流量A"，资料类型为"16-bit Unsigned"，单击"确定"；再依次添加"流量B""流量C"，然后关闭通道数窗口	
5	添加趋势图显示元件：打开13号监视窗口，选择资料/历史→资料取样→趋势图快捷键	
6	设置元件参数：在一般属性选项中选择资料取样元件索引为"2.流量2"，显示方式为"即时"，距离为10像素；在趋势图选项中勾选网格设置X、Y间隔为15，调整选择日期格式；在通道选项中勾选全部通道，调整每个通道显示的颜色、线宽、范围等，单击"确定"	

（续）

序号	内 容	图 示
7	添加位状态设置元件："暂停"和"清除"对应的地址分别为"LB5""LB6"	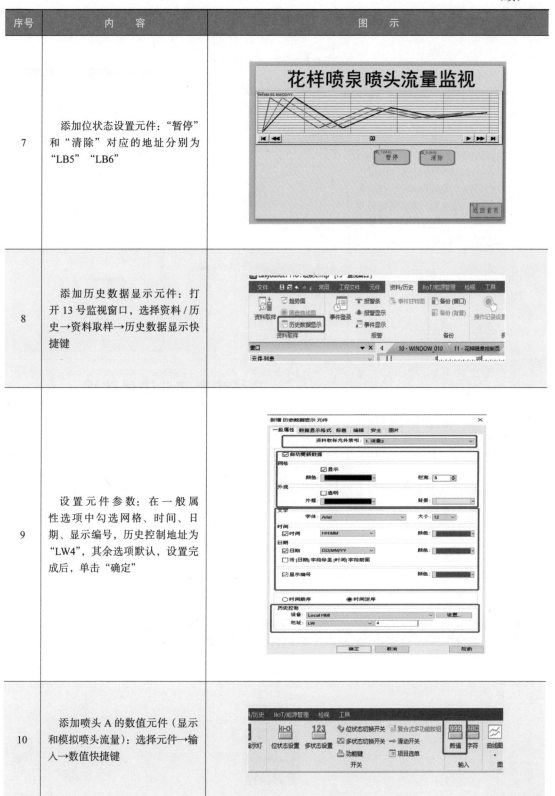
8	添加历史数据显示元件：打开 13 号监视窗口，选择资料 / 历史→资料取样→历史数据显示快捷键	
9	设置元件参数：在一般属性选项中勾选网格、时间、日期、显示编号，历史控制地址为"LW4"，其余选项默认，设置完成后，单击"确定"	
10	添加喷头 A 的数值元件（显示和模拟喷头流量）：选择元件→输入→数值快捷键	

（续）

序号	内　容	图　示
11	设置元件参数：选择相应的设备型号，填写地址为"LW6"；在启用输入功能方框中打钩；图片调用"图库"；设置完成后单击"确定"；再插入对应功能标签名称"喷头 A"	
12	添加喷头 B、喷头 C 的数值元件（显示和模拟喷头流量）：按步骤 10、步骤 11 进行添加，在参数设置中将地址改为"D13""D15"，再插入对应功能标签名称"喷头 B""喷头 C"	
13	报警页面设计编辑完成后保存工程，编译后下载到触摸屏中（下载步骤参考项表 10-4）	

5. 触摸屏编辑软件使用步骤（项表 10-4，需通电后才可以下载程序）

项表 10-4　触摸屏编辑软件使用步骤

步　骤	图　示	备　注
第 1 步：新建一个保存工程用的文件夹	触摸屏页面程序	—
第 2 步：双击打开软件	Utility Manager	程序版本不同，图标可能不同

（续）

步　　骤	图　　示	备　注
第 3 步：启动 EasyBuilder Pro	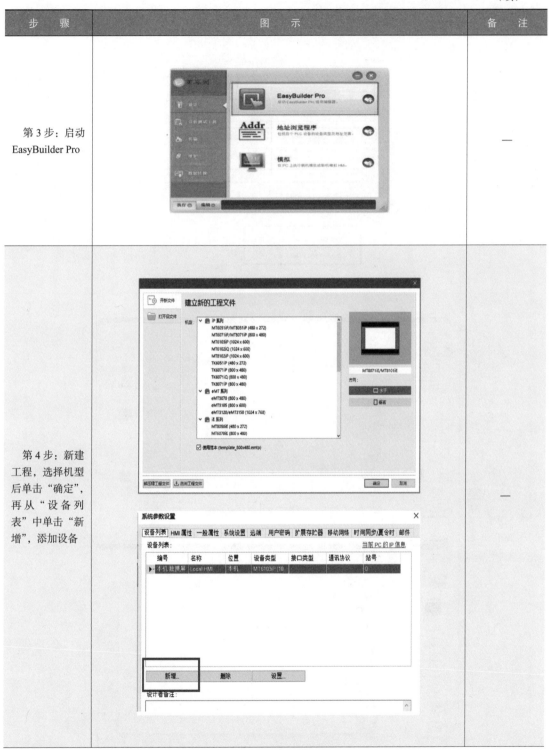	—
第 4 步：新建工程，选择机型后单击"确定"，再从"设备列表"中单击"新增"，添加设备		—

（续）

步　骤	图　示	备　注
第5步：设置设备参数	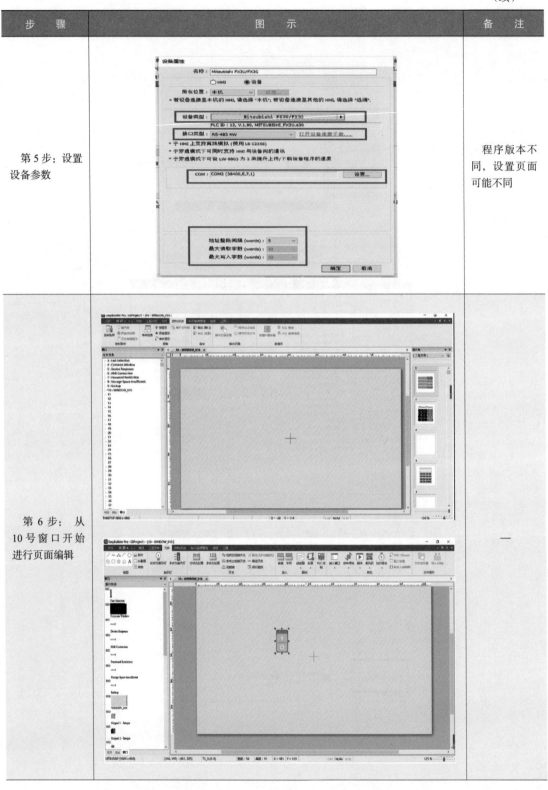	程序版本不同，设置页面可能不同
第6步：从10号窗口开始进行页面编辑		—

（续）

步　骤	图　示	备　注
第 7 步：页面编辑完成后进行编译（F5）。完成即自动保存至文件夹（第 1 步中的文件夹）	文件 常用 工程文件 元 系统信息 语言&字体 编译 在线模拟 离线模拟 设置	—
第 8 步：连接触摸屏（HMI）与 PLC		用 USB 数据线连接计算机，用通信线连接 PLC
第 9 步：下载程序	常用 工程文件 元件 资料/历史 IIoT/能源管理 在线模拟 离线模拟 下载 (PC->HMI) 建立下载数据 重启 HMI 建立	—
第 10 步：试运行（等待程序下载至触摸屏后，再用触摸屏进行功能测试）	—	—

6. PLC 程序调试步骤（项表 10-5）

项表 10-5　PLC 程序调试步骤

操作步骤	操作内容	结　果	6S
第 1 步	将 RUN/STOP 开关拨到 "STOP" 位置		爱护实训设备
第 2 步	插座取电，合上漏电开关，PLC 实训板上电	PLC "PWR" 灯亮，触摸屏显示屏亮，上电成功	用电安全
第 3 步	连接触摸屏与计算机，将页面程序下载至触摸屏内	触摸屏页面重启	
第 4 步	手动输入喷泉喷头 A、B、C 流量的数值（＞0）	观看趋势图，喷头 A、B、C 的线型随时间变换运动，历史数据显示记录喷头的流量	爱护实训设备
第 5 步	按下暂停按钮	趋势图暂停对喷头 A、B、C 流量的监视	用电安全

（续）

操作步骤	操作内容	结果	6S
第6步	按下清除按钮	趋势图清除对喷头A、B、C之前流量的监视记录，并重新记录	用电安全
第7步	再次改变喷头A、B、C流量的数值	趋势图及历史数据显示都对喷头A、B、C的流量变化做出改变并记录	用电安全
第8步	断开漏电开关，拔掉插头，实训板断电，触摸屏无电源	触摸屏显示屏灯灭	用电安全
第9步	整理实训板线路		恢复实训设备

7. 评分标准（项表10-6）

项表10-6　项目实施评分标准

项目内容	配分	评分标准	评分依据	得分
职业素养	20分	遵守规章制度、劳动纪律	1）出勤 2）工作态度 3）劳动纪律 4）团队协作精神 5）6S	
		按时按质完成工作任务		
		积极主动承担工作任务，勤学好问		
		人身安全与设备安全		
		工作岗位6S		
专业能力	60分	掌握触摸屏页面编辑软件新建工程的使用步骤	1）操作的准确性与规范性 2）项目完成情况	
		掌握触摸屏外部接线的方法		
		掌握触摸屏资料取样元件、趋势图元件、历史数据显示元件插入及参数设置方法		
		掌握使用触摸屏资料取样元件、趋势图元件、历史数据显示元件及状态设置开关进行工程报警页面设计		
		掌握项目实施过程中的6S要点		
		掌握项目实施安全规范标准		
		独立完成项目实训		
创新能力	20分	在任务过程中能提出自己的有见解的方案	1）方法可行性 2）建议合理性、创新性 3）题目关联性	
		在教学管理上能提出建议，具有合理性、创新性		
		在项目实施过程中，能根据项目设备设计关联题目，开展编程实训		
定额时间	0.5h，每超过5min（不足5min以5min计）		扣5分	
备注	除了定额时间，各项目的最高扣分不应超过配分数		成绩	
开始时间		结束时间	实际时间	

8. 项目扩展

通过上面的学习，现在要求以触摸屏内的本机地址，用趋势图检视 6 个通道的数值（设置 6 个通道不同的数值变化），要求可以暂停、停止和清除数据，并且可以通过日期来显示历史数据。请根据要求设计工程页面，并将设计方法在下方写出。

6.3 变频器篇

项目11 变频器面板（JOG）点动控制实训

【工作情景】

某电动机由 MT100 变频器控制，使用人员按下变频器面板上的 JOG 按钮即可起动，松开 JOG 按钮，该电动机即停止，现硬件已经安装完毕，需要操作人员对 MT100 变频器进行参数设置和调试，以便电动机可以正常投入使用。

【工作任务】

变频器面板（JOG）点动控制的电动机调试实训。

【完成时间】

此工作任务完成时间为 6 课时，指导性课时安排见项表 11-1。

项表 11-1　指导性课时安排

课　时	内　容	备　注
1～4	引入课题、了解变频器控制原理、了解变频器 JOG 按钮点动控制原理、绘制变频器接线图、熟悉按钮操作、进行参数设置流程练习	
5～6	按钮操作流程实训，进行项目扩展练习	

【任务目标】

有 1 个电动机，通过 MT100 变频器实现 JOG 按钮对它的点动控制。

【任务要求】

1）绘制变频器接线图。

2）以 6S 作业规范来实施项目。

3）完成变频器参数出厂设置。

4）完成变频器点动控制相关功能的参数设定。

5）完成面板 JOG 按钮控制的调试。

6）完成通电前的线路排查。

7）严格按照第 1 章的安全规范标准实施本项目。

【学习目标】

1）掌握变频器面板操作。

2）掌握变频器恢复出厂设置。

3）掌握点动控制参数设置。

4）掌握变频器接线方法。

5）掌握项目实施过程中的 6S 要点。

6）掌握项目实施安全规范标准。

【**项目实施**】

1. 项目实施流程（项图 11-1）

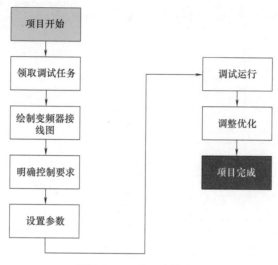

项图 11-1 项目实施流程

2. 绘制变频器接线图（项图 11-2）

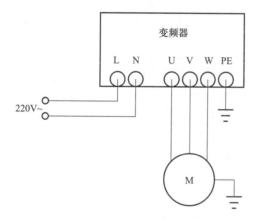

项图 11-2 变频器接线图

3. 控制动作要求

根据以下控制动作要求分析，进行本项目控制的调试，见项表 11-2。

项表 11-2 控制动作要求

起动	按下面板按钮 JOG → 电动机转动
停止	松开面板按钮 JOG → 电动机停止运行

4. 变频器参数设置步骤（项表 11-3）

项表 11-3 变频器参数设置步骤

序　号	图　示	备　注
第 1 步：将变频器恢复出厂设置	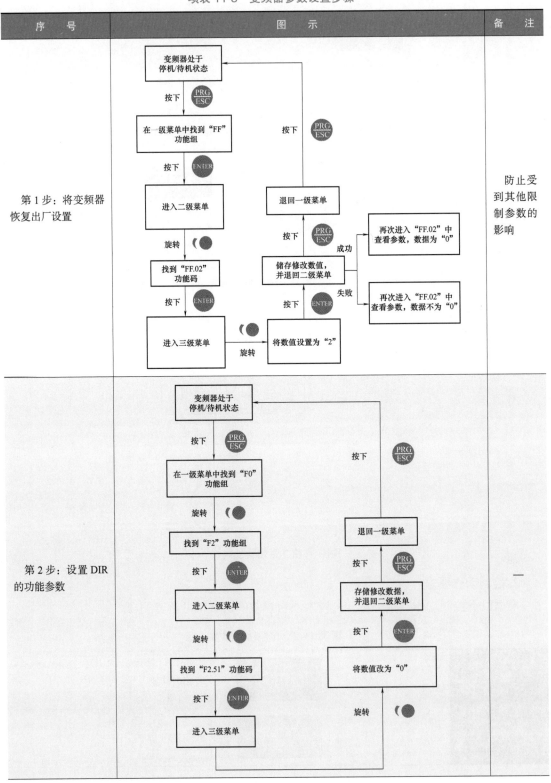	防止受到其他限制参数的影响
第 2 步：设置 DIR 的功能参数		—

（续）

序　号	图　示	备　注
第 3 步：设置面板控制的有效功能参数	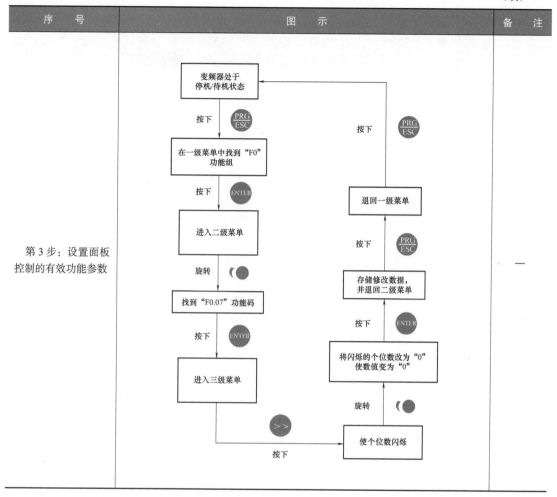	—

5. 变频器操作调试步骤（项表 11-4）

项表 11-4　变频器操作调试步骤

操作步骤	操作内容	结　果	6S
第 1 步	插座取电，合上漏电开关，变频器实训板上电	变频器显示器亮，上电成功	用电安全
第 2 步	完成参数设置（参照项表 11-3）		用电安全
第 3 步	按下面板按钮 JOG	电动机转动	用电安全
第 4 步	松开面板按钮 JOG	电动机停止运行	用电安全
第 5 步	断开漏电开关，拔掉插头，变频器实训板断电	变频器显示器灭	用电安全
第 6 步	整理实训板线路		恢复实训设备

6. 评分标准（项表 11-5）

项表 11-5　项目实施评分标准

项目内容	配分	评分标准		评分依据	得分
职业素养	20分	遵守规章制度、劳动纪律		1）出勤 2）工作态度 3）劳动纪律 4）团队协作精神 5）6S	
		按时按质完成工作任务			
		积极主动承担工作任务，勤学好问			
		人身安全与设备安全			
		工作岗位 6S			
专业能力	60分	掌握变频器面板操作		1）操作的准确性与规范性 2）项目完成情况	
		掌握变频器出厂设置			
		掌握点动控制参数设置			
		掌握变频器调试方法			
		掌握变频器接线方法			
		掌握项目实施过程中的 6S 要点			
		掌握项目实施安全规范标准			
		独立完成项目实训			
创新能力	20分	在任务过程中能提出自己的有见解的方案		1）方法可行性 2）建议合理性、创新性 3）题目关联性	
		在教学管理上能提出建议，具有合理性、创新性			
		在项目实施过程中，能根据项目设备设计关联题目，开展编程实训			
定额时间	0.5h，每超过 5min（不足 5min 以 5min 计）			扣 5 分	
备注	除了定额时间，各项目的最高扣分不应超过配分数			成绩	
开始时间		结束时间		实际时间	

7. 项目扩展

某电动机由 MT100 变频器控制，使用人员按下变频器面板上的 JOG 按钮，电动机以 45Hz 的速率频率运行，松开 JOG 按钮，电动机即停止运行，请根据控制要求绘制变频器接线图并对 MT100 变频器接线，写出变频器参数设置流程并调试运行。

1）变频器接线图。

2）变频器参数设置流程。

项目 12　变频器面板电位器无级调速控制实训

【工作情景】

某电动机由 MT100 变频器控制，使用人员按下变频器面板上的运行按钮后，电动机运行，通过旋转数字编码器即可改变电动机的运行速度，现硬件已经安装完毕，需要操作人员对 MT100 变频器进行参数设置和调试，以便电动机可以正常投入使用。

【工作任务】

数字编码器控制电动机的运行速度调试实训。

【完成时间】

此工作任务完成时间为 6 课时，指导性课时安排见项表 12-1。

项表 12-1　指导性课时安排

课　时	内　容	备　注
1 ~ 4	引入课题、了解变频器控制原理、了解数字编码器控制原理、绘制变频器接线图、熟悉按钮操作、进行参数设置流程练习	
5 ~ 6	按钮操作流程实训，进行项目扩展练习	

【任务目标】

通过 MT100 变频器的数字编码器控制电动机的运行速度。

【任务要求】

1）绘制变频器接线图。

2）以 6S 作业规范来实施项目。

3）完成变频器参数出厂设置。

4）完成变频器相关功能的参数设定。

5）完成通过数字编码器控制速度的调试。

6）完成通电前的线路排查。

7）严格按照第 1 章的安全规范标准实施本项目。

【学习目标】

1）掌握变频器面板操作。

2）掌握变频器接线图的绘制方法。

3）掌握恢复出厂设置。

4）掌握无级调速控制参数设置。

5）掌握项目实施过程中的 6S 要点。

6）掌握项目实施安全规范标准。

【项目实施】

1. 项目实施流程（项图 12-1）

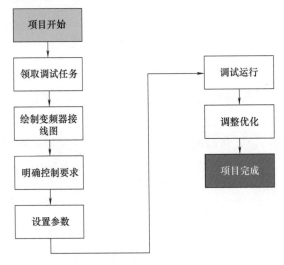

项图 12-1　项目实施流程

2. 绘制变频器接线图（项图 12-2）

3. 控制动作要求

根据以下控制动作要求分析，进行本项目控制的调试，见项表 12-2。

4. 变频器参数设置步骤（项表 12-3）

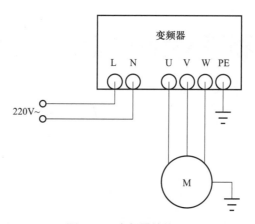

图 12-2 变频器接线图

项表 12-2 控制动作要求

起动	按下面板按钮RUN → 电动机转动 → 旋转数字编码器 → 电动机的运行速率频率增大或减小
停止	按下面板按钮STOP/RESET → 电动机停止运行

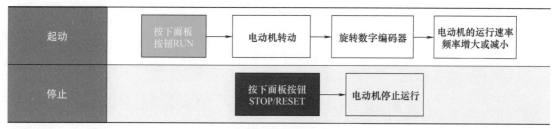

项表 12-3 变频器参数设置步骤

序　号	图　　示	备　注
第1步：将变频器恢复出厂设置	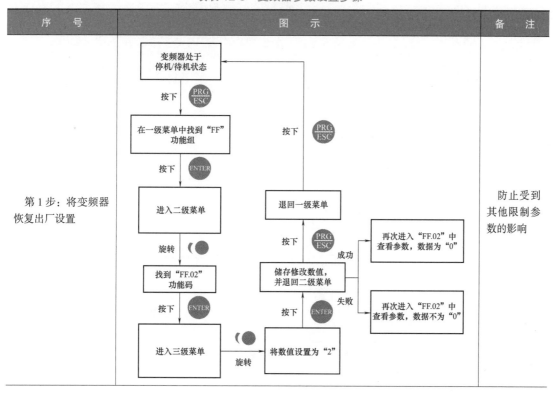	防止受到其他限制参数的影响

163

（续）

序　号	图　示	备　注
第2步：设置面板控制的有效功能参数	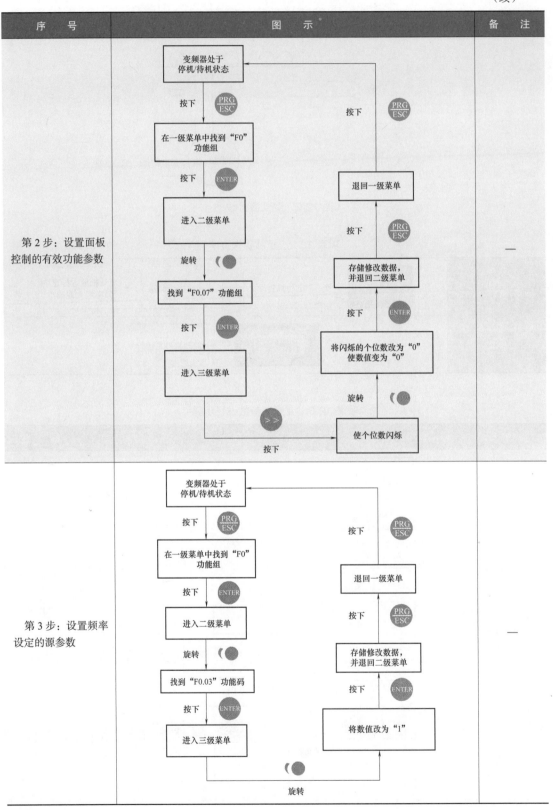	—
第3步：设置频率设定的源参数		—

5. 变频器操作调试步骤（项表 12-4）

项表 12-4　变频器操作调试步骤

操作步骤	操 作 内 容	结　　果	6S
第 1 步	插座取电，合上漏电开关，变频器实训板上电	变频器显示器亮，上电成功	用电安全
第 2 步	完成参数设置（参照项表 12-3）		用电安全
第 3 步	按下面板按钮 RUN	电动机转动	用电安全
第 4 步	顺时针旋转数字编码器	电动机转动速率频率增大	用电安全
第 5 步	逆时针旋转数字编码器	电动机转动速率频率减小	用电安全
第 6 步	按下面板按钮 STOP/RESET	电动机停止运行	用电安全
第 7 步	断开漏电开关，拔掉插头，变频器实训板断电	变频器显示器灭	用电安全
第 8 步	整理实训板线路		恢复实训设备

6. 评分标准（项表 12-5）

项表 12-5　项目实施评分标准

项目内容	配分	评分标准	评分依据	得分
职业素养	20 分	遵守规章制度、劳动纪律 按时按质完成工作任务 积极主动承担工作任务，勤学好问 人身安全与设备安全 工作岗位 6S	1）出勤 2）工作态度 3）劳动纪律 4）团队协作精神 5）6S	
专业能力	60 分	掌握变频器的面板操作 掌握变频器出厂设置 掌握变频器频率设定的源参数设置方法 掌握变频器的调试方法 掌握变频器接线方法 掌握项目实施过程中的 6S 要点 掌握项目实施安全规范标准 独立完成项目实训	1）操作的准确性与规范性 2）项目完成情况	
创新能力	20 分	在任务过程中能提出自己的有见解的方案 在教学管理上能提出建议，具有合理性、创新性 在项目实施过程中，能根据项目设备设计关联题目，开展编程实训	1）方法可行性 2）建议合理性、创新性 3）题目关联性	

（续）

项目内容	配分	评分标准	评分依据	得分
定额时间	0.5h，每超过 5min（不足 5min 以 5min 计）		扣 5 分	
备注	除了定额时间，各项目的最高扣分不应超过配分数		成绩	—
开始时间		结束时间	实际时间	

7. 项目扩展

某电动机由 MT100 变频器控制，使用人员按下变频器面板上的 RUN 按键，电动机反转运行，旋转数字编码器将电动机的速率频率调到 40Hz，按下变频器面板上的 STOP 按键，该电动机即停止，请根据控制要求绘制变频器接线图并对 MT100 变频器接线，写出变频器参数设置流程并调试运行。

1）变频器接线图。

2）变频器参数设置流程。

项目 13　按钮控制变频器外部端子控制实训一

【工作情景】

某工厂要对厂内的新设备进行传送带正、反转功能运行调试，电动机由变频器进行控制，按下正转按钮，电动机进行点动正转运行；按下反转按钮，电动机进行点动反转运行；不按按钮或同时按下正转和反转按钮，电动机都停止运行。现在，硬件已经安装完毕，需要编程人员对此进行编程，以便设备可以正常投入使用。

【工作任务】

外部按钮控制电动机点动正、反转运行调试实训。

【完成时间】

此工作任务完成时间为 6 课时，指导性课时安排见项表 13-1。

项表 13-1　指导性课时安排

课　　时	内　　容	备　　注
1~4	引入课题、了解变频器控制原理、了解电动机点动正、反转控制原理、绘制变频器接线图、熟悉按钮操作、进行参数设置流程练习	
5~6	按钮操作流程实训，进行项目扩展练习	

【任务目标】

通过连接外部按钮来控制电动机点动正、反转运行。

【任务要求】

1）绘制变频器接线图。

2）以 6S 作业规范来实施项目。

3）完成变频器参数出厂设置。

4）完成变频器外部端子相关功能的参数设定。

5）完成通过按钮控制电动机点动正、反转运行的调试。

6）完成通电的前线路排查。

7）严格按照第 1 章的安全规范标准实施本项目。

【学习目标】

1）掌握变频器面板操作。

2）掌握变频器接线图的绘制方法。

3）掌握恢复出厂设置。

4）掌握外部端子功能参数设置。

5）掌握项目实施过程中的 6S 要点。

6）掌握项目实施安全规范标准。

【项目实施】

1. 项目实施流程（项图 13-1）

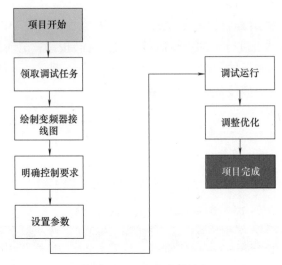

项图 13-1　项目实施流程

2. 绘制变频器接线图（项图 13-2）

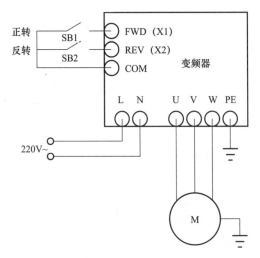

项图 13-2　变频器接线图

3. 控制动作要求

根据以下控制动作要求分析，进行本项目控制的调试，见项表 13-2。

项表 13-2　控制动作要求

| 正转 | 按下按钮SB1 | → | 变频器外部端子 FWD（X1）接通 | → | 电动机正向转动 |

（续）

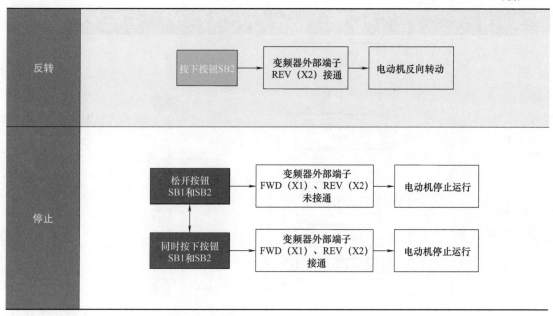

4. 变频器参数设置步骤（项表 13-3）

项表 13-3　变频器参数设置步骤

步　　骤	图　　示	备　　注
第 1 步：将变频器恢复出厂设置	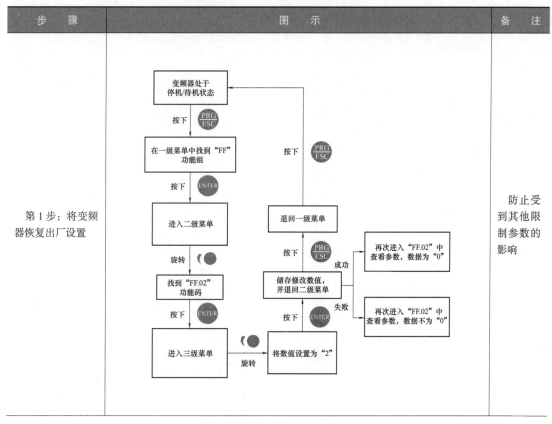	防止受到其他限制参数的影响

（续）

步　骤	图　示	备　注
第2步：设置端子控制的有效功能参数	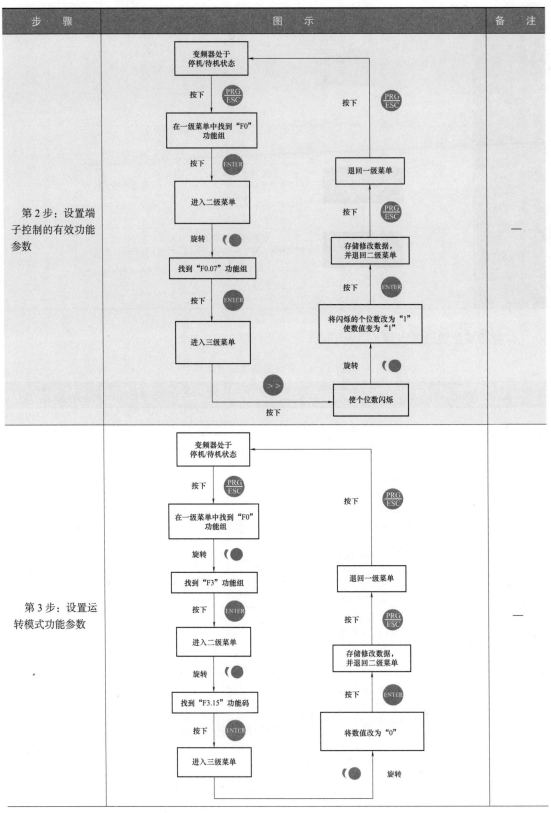	—
第3步：设置运转模式功能参数		—

（续）

步 骤	图 示	备 注
第4步：设置外部端子（X1）功能参数（正转FWD）	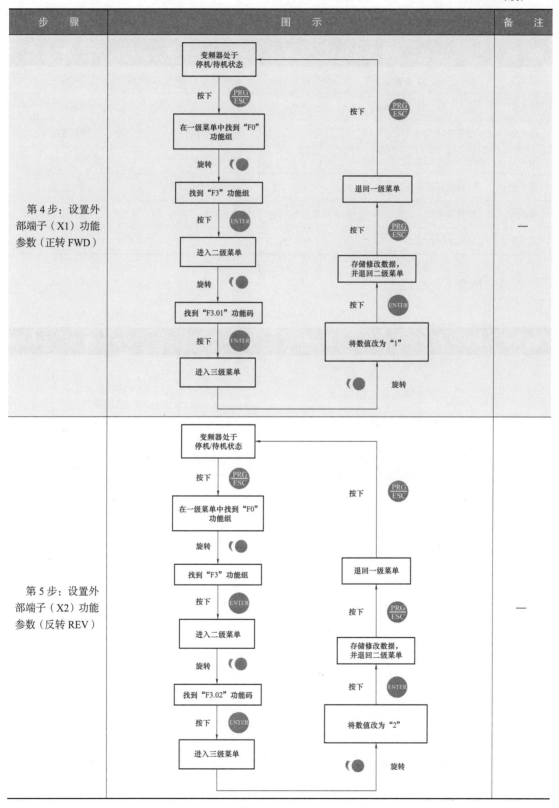	—
第5步：设置外部端子（X2）功能参数（反转REV）		—

5. 变频器操作调试步骤（项表 13-4）

项表 13-4　变频器操作调试步骤

操作步骤	操 作 内 容	结　果	6S
第 1 步	插座取电，合上漏电开关，变频器实训板上电	变频器显示器亮，上电成功	用电安全
第 2 步	完成参数设置（参照项表 13-3）		用电安全
第 3 步	按下按钮 SB1	电动机正向转动	用电安全
第 4 步	按下按钮 SB2	电动机反向转动	用电安全
第 5 步	同时按下或松开按钮 SB1、SB2	电动机停止运行	用电安全
第 6 步	断开漏电开关，拔掉插头，变频器实训板断电	变频器显示器灭	用电安全
第 7 步	整理实训板线路		恢复实训设备

6. 评分标准（项表 13-5）

项表 13-5　项目实施评分标准

项目内容	配分	评 分 标 准	评 分 依 据	得分
职业素养	20分	遵守规章制度、劳动纪律	1）出勤 2）工作态度 3）劳动纪律 4）团队协作精神 5）6S	
		按时按质完成工作任务		
		积极主动承担工作任务，勤学好问		
		人身安全与设备安全		
		工作岗位 6S		
专业能力	60分	掌握变频器的面板操作	1）操作的准确性与规范性 2）项目完成情况	
		掌握变频器出厂设置		
		掌握变频器外部端子功能参数设置		
		掌握变频器的调试方法		
		掌握变频器接线方法		
		掌握项目实施过程中的 6S 要点		
		掌握项目实施安全规范标准		
		独立完成项目实训		
创新能力	20分	在任务过程中能提出自己的有见解的方案	1）方法可行性 2）建议合理性、创新性 3）题目关联性	
		在教学管理上能提出建议，具有合理性、创新性		
		在项目实施过程中，能根据项目设备设计关联题目，开展编程实训		

（续）

项目内容	配分	评 分 标 准	评 分 依 据	得分
定额时间		0.5h，每超过 5min（不足 5min 以 5min 计）	扣 5 分	
备注		除了定额时间，各项目的最高扣分不应超过配分数	成绩	
开始时间		结束时间	实际时间	

7. 项目扩展

某电动机由 MT100 变频器控制，当 RUN 有效时，起动变频器；当 F/R 无效时，电动机正转，当 F/R 有效时，电动机反转，请根据控制要求绘制变频器接线图并对 MT100 变频器接线，写出变频器参数设置流程并调试运行。

1）变频器接线图。

2）变频器参数设置流程。

项目14　按钮控制变频器外部端子控制实训二

【工作情景】

某工厂要对厂内的新设备进行传送带连续正、反转功能运行调试，电动机由变频器进行控制，按下正转按钮，电动机进行连续正转运行；按下反转按钮，电动机进行连续反转运行，按下停止按钮，电动机停止运行。现在，硬件已经安装完毕，需要编程人员对此进行编程，以便设备可以正常投入使用。

【工作任务】

外部按钮控制电动机连续正、反转运行调试实训。

【完成时间】

此工作任务完成时间为6课时，指导性课时安排见项表14-1。

项表 14-1　指导性课时安排

课　时	内　容	备　注
1~4	引入课题、了解变频器控制原理、了解电动机连续正、反转控制原理、绘制变频器接线图、熟悉按钮操作、进行参数设置流程练习	
5~6	按钮操作流程实训，进行项目扩展练习	

【任务目标】

通过连接外部按钮来控制电动机连续正、反转运行。

【任务要求】

1）绘制变频器接线图。

2）以6S作业规范来实施项目。

3）完成变频器参数出厂设置。

4）完成变频器外部端子相关功能的参数设定。

5）完成通过按钮控制电动机连续正、反转运行的调试。

6）完成通电前的线路排查。

7）严格按照第1章的安全规范标准实施本项目。

【学习目标】

1）掌握变频器面板操作。

2）掌握变频器接线图的绘制方法。

3）掌握恢复出厂设置。

4）掌握外部端子功能参数设置。

5）掌握项目实施过程中的6S要点。

6）掌握项目实施安全规范标准。

【项目实施】

1. 项目实施流程（项图 14-1）

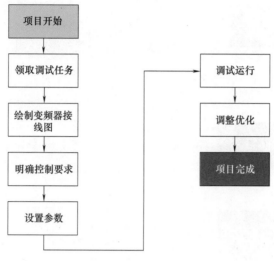

项图 14-1　项目实施流程

2. 绘制变频器接线图（项图 14-2）

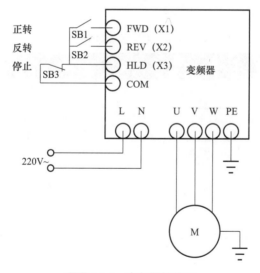

项图 14-2　变频器接线图

3. 控制动作要求

根据以下控制动作要求分析，进行本项目控制的调试，见项表 14-2。

项表 4-2　控制动作要求

| 正转 | 按下按钮SB1 | 变频器外部端子 FWD（X1）接通 | 电动机连续正向转动 |

（续）

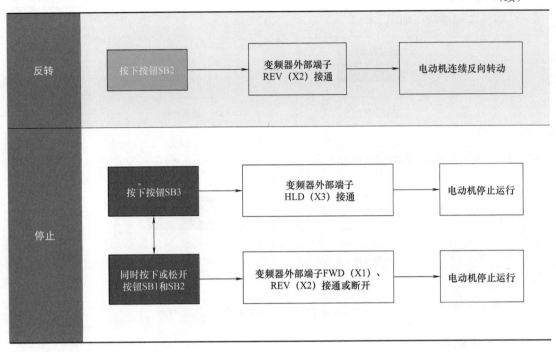

4. 变频器参数设置步骤（项表 14-3）

项表 14-3　变频器参数设置步骤

步　骤	图　示	备　注
第 1 步：将变频器恢复出厂设置	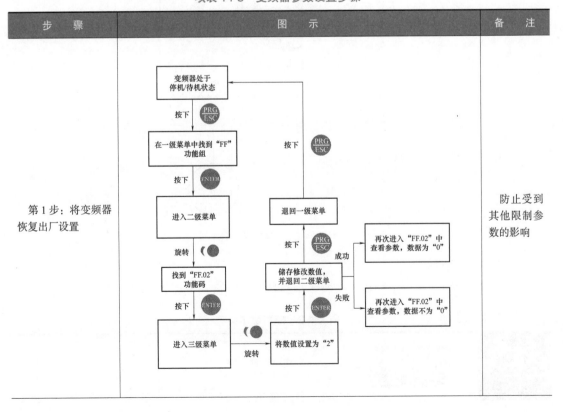	防止受到其他限制参数的影响

（续）

步　骤	图　示	备　注
第2步：设置端子控制的有效功能参数	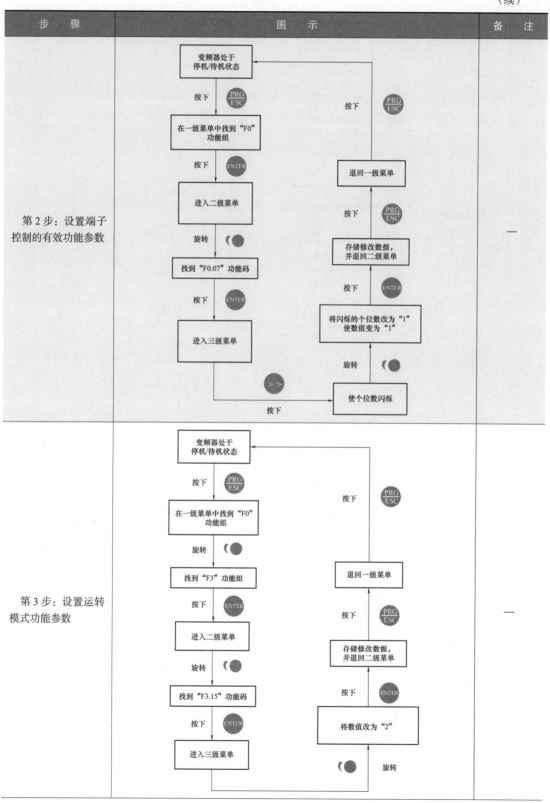	—
第3步：设置运转模式功能参数		—

（续）

步　骤	图　示	备　注
第 4 步：设置外部端子（X1）功能参数（正转 FWD）	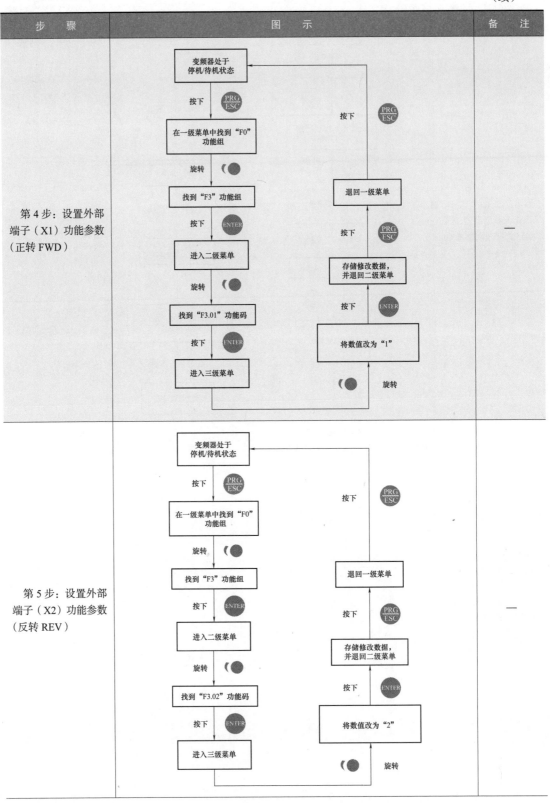	—
第 5 步：设置外部端子（X2）功能参数（反转 REV）		—

（续）

步　　骤	图　　示	备　注
第 6 步：设置外部端子（X3）功能参数（信号自保持 HLD）	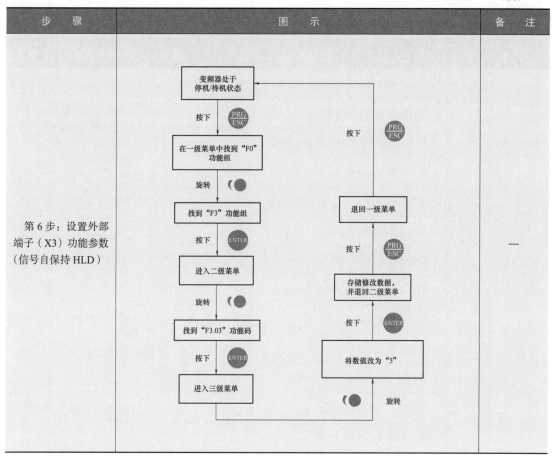	—

5. 变频器操作调试步骤（项表 14-4）

项表 14-4　变频器操作调试步骤

操作步骤	操作内容	结　　果	6S
第 1 步	插座取电，合上漏电开关，变频器实训板上电	变频器显示器亮，上电成功	用电安全
第 2 步	完成参数设置（参照项表 14-3）		用电安全
第 3 步	按下按钮 SB1	电动机连续正向转动	用电安全
第 4 步	按下按钮 SB2	电动机连续反向转动	用电安全
第 5 步	同时按下或松开按钮 SB1、SB2	电动机停止运行	用电安全
第 6 步	按下按钮 SB3	电动机停止运行	用电安全
第 7 步	断开漏电开关，拔掉插头，变频器实训板断电	变频器显示器灭	用电安全
第 8 步	整理实训板线路		恢复实训设备

6. 评分标准（项表 14-5）

项表 14-5　项目实施评分标准

项目内容	配分	评分标准		评分依据	得分
职业素养	20分	遵守规章制度、劳动纪律		1）出勤 2）工作态度 3）劳动纪律 4）团队协作精神 5）6S	
		按时按质完成工作任务			
		积极主动承担工作任务，勤学好问			
		人身安全与设备安全			
		工作岗位 6S			
专业能力	60分	掌握变频器的面板操作		1）操作的准确性与规范性 2）项目完成情况	
		掌握变频器出厂设置			
		掌握变频器外部端子功能参数设置			
		掌握变频器的调试方法			
		掌握变频器接线方法			
		掌握项目实施过程中的 6S 要点			
		掌握项目实施安全规范标准			
		独立完成项目实训			
创新能力	20分	在任务过程中能提出自己的有见解的方案		1）方法可行性 2）建议合理性、创新性 3）题目关联性	
		在教学管理上能提出建议，具有合理性、创新性			
		在项目实施过程中，能根据项目设备设计关联题目，开展编程实训			
定额时间	0.5h，每超过 5min（不足 5min 以 5min 计）			扣 5 分	
备注	除了定额时间，各项目的最高扣分不应超过配分数			成绩	
开始时间		结束时间		实际时间	

7. 项目扩展

某电动机由 MT100 变频器控制，按下启动按钮，HLD 与 RUN 同时有效时，起动变频器，F/R 无效时，电动机正转，F/R 有效时，电动机反转，HLD 为 ON 时，电动机停止运行，请根据控制要求绘制变频器接线图并对 MT100 变频器接线，写出变频器参数设置流程并调试运行。

1）变频器接线图。

2）变频器参数设置流程。

项目 15　PLC 控制变频器点动控制实训

【工作情景】

某工厂要对厂内的新设备传送带进行点动运行调试，电动机由变频器进行控制，按下点动按钮，电动机点动运行；松开点动按钮，电动机停止运行。现在，硬件已经安装完毕，需要编程人员通过设置变频器参数、PLC 控制器对此进行编程控制，以便设备可以正常投入使用。

【工作任务】

PLC 控制电动机点动运行调试实训。

【完成时间】

此工作任务完成时间为 8 课时，指导性课时安排见项表 15-1。

项表 15-1　指导性课时安排

课　时	内　容	备　注
1～5	引入课题、了解变频器控制原理、绘制变频器接线图、绘制 I/O 分配表、进行参数设置流程练习和项目编程练习	
6～8	编程实训，进行项目扩展练习	

【任务目标】

有 1 台电动机由变频器控制，通过 PLC 编程控制变频器，以达到控制电动机点动运行。

【任务要求】

1）绘制 I/O 分配表与变频器接线图。

2）以 6S 作业规范来实施项目。

3）完成变频器参数出厂设置。

4）完成变频器多功能端子相关功能的参数设定。

5）完成通电前的线路排查。

6）完成程序控制认证。

7）严格按照第 1 章的安全规范标准实施本项目。

【学习目标】

1）掌握变频器面板操作。

2）掌握变频器恢复出厂设置。

3）掌握变频器多功能端子控制参数设置。

4）掌握 I/O 分配表的分配方法。

5）掌握变频器接线图的绘制与接线。

6）掌握项目实施过程中的 6S 要点。

7）掌握项目实施安全规范标准。

【项目实施】

1. 项目实施流程（项图 15-1）

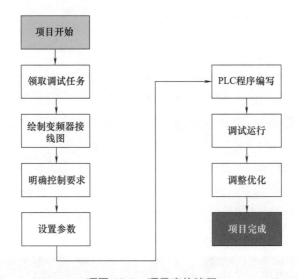

项图 15-1　项目实施流程

2. 写出 I/O 地址分配

本项目的 I/O 分配见项表 15-2。

项表 15-2　输入 / 输出（I/O）分配

输　　入		输　　出	
功　　能	PLC 地址	功　　能	PLC 地址
点动按钮	X0	电动机运行	Y0
—	—	电动机正转方向	Y1

3. 画出变频器接线图

本项目的变频器接线图如项图 15-2 所示。

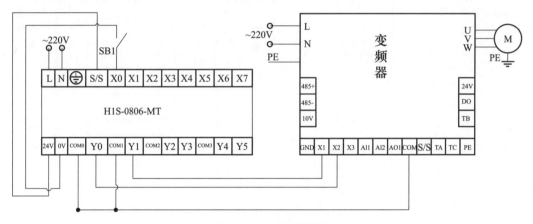

项图 15-2　变频器接线图

4. 程序设计

根据 I/O 分配表及项目控制要求分析，画出本项目控制的梯形图。

项目编程思路分析见项表 15-3。

项表 15-3　项目编程思路分析

点动	按下按钮SB1 →	PLC X0接通 →	PLC Y0、Y1接通 →	电动机运行
停止	松开按钮SB1 →	PLC X0断开 →	PLC Y0、Y1断开 →	电动机停止运行

5. 变频器参数设置步骤（项表 15-4）

项表 15-4　变频器参数设置步骤

步　骤	图　示	备　注

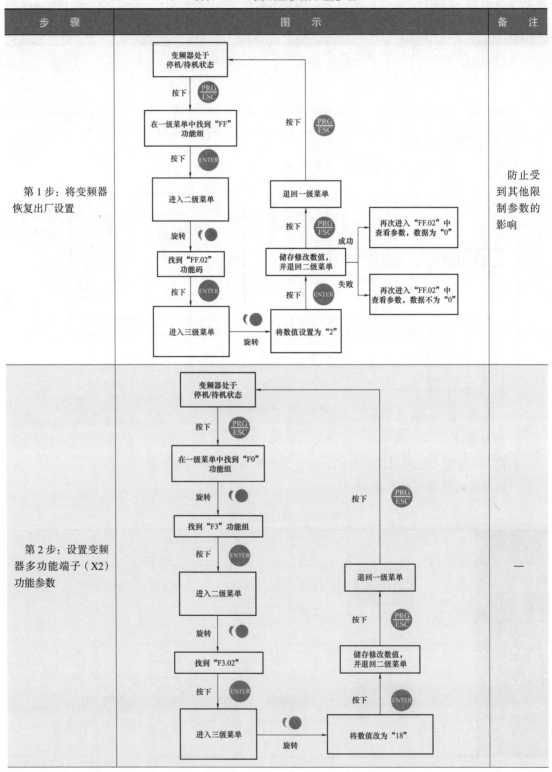

第 1 步：将变频器恢复出厂设置

防止受到其他限制参数的影响

第 2 步：设置变频器多功能端子（X2）功能参数

—

（续）

步　骤	图　示	备　注
第3步：设置变频器多功能端子（X1）功能参数（电动机正转方向）	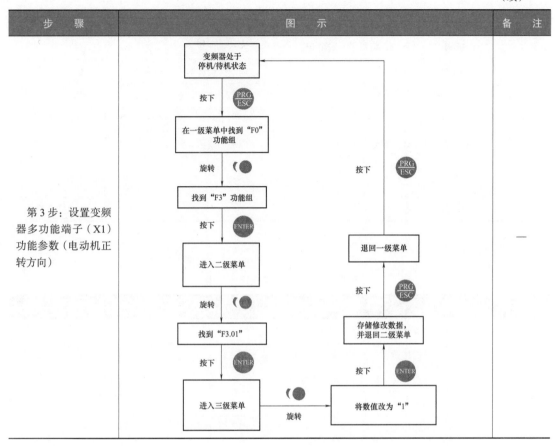	—

6. 项目程序（项图 15-3）

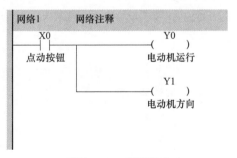

项图 15-3　项目程序

7. PLC 程序调试步骤（项表 15-5）

项表 15-5　PLC 程序调试步骤

操作步骤	操作内容	结　果	6S
第1步	将 RUN/STOP 开关拨到"STOP"位置		爱护实训设备
第2步	插座取电，合上漏电开关，PLC 实训板、变频器实训板上电	PLC "PWR"灯亮，变频器显示器亮，上电成功	用电安全

（续）

操作步骤	操作内容	结　果	6S
第3步	连接PLC与计算机，将程序下载至PLC内		
第4步	将RUN/STOP开关拨到"RUN"位置	"RUN"灯亮，模式切换成功	爱护实训设备
第5步	按下按钮SB1	Y0、Y1接通，电动机运行	用电安全
第6步	松开按钮SB1	Y0、Y1断开，电动机停止运行	用电安全
第7步	将RUN/STOP开关拨到"STOP"位置	"RUN"灯灭，STOP成功	
第8步	断开漏电开关，拔掉插头，PLC实训板、变频器实训板断电		用电安全
第9步	整理实训板线路		恢复实训设备

8. 评分标准（项表15-6）

项表15-6　项目实施评分标准

项目内容	配分	评分标准	评分依据	得分
职业素养	20分	遵守规章制度、劳动纪律 按时按质完成工作任务 积极主动承担工作任务，勤学好问 人身安全与设备安全 工作岗位6S	1）出勤 2）工作态度 3）劳动纪律 4）团队协作精神 5）6S	
专业能力	60分	掌握变频器面板操作 掌握项目I/O分配表的编写方法 掌握变频器接线的方法 掌握变频器参数出厂设置方法 掌握变频器多功能端子相关功能参数设定方法 掌握项目实施过程中的6S要点 掌握项目实施安全规范标准 能独立完成项目调试实训	1）操作的准确性与规范性 2）项目完成情况	
创新能力	20分	在任务过程中能提出自己的有见解的方案 在教学管理上能提出建议，具有合理性、创新性 在项目实施过程中，能根据项目设备设计关联题目，开展编程实训	1）方法可行性 2）建议合理性、创新性 3）题目关联性	
定额时间		0.5h，每超过5min（不足5min以5min计）	扣5分	
备注		除了定额时间，各项目的最高扣分不应超过配分数	成绩	
开始时间		结束时间	实际时间	

9. 项目扩展

现有设备有 2 个电动机，由 2 台变频器控制运行，现在要求同时利用 PLC 控制设备进行电动机的点动运行调试。请根据控制要求编写 I/O 分配表、变频器接线图、变频器参数设置流程，并编写 PLC 程序。

1）I/O 分配表。

2）变频器接线图。

3）变频器参数设置流程。

4）PLC 程序。

项目 16　PLC 控制变频器正、反转控制实训

【工作情景】

某工厂要对厂内的新设备传送带进行正、反转运行调试，电动机由变频器进行控制，按下正转按钮，电动机正转运行；按下停止按钮，电动机不管处于何种状态都停止运行；按下反转按钮，电动机反转运行。现在，硬件已经安装完毕，需要编程人员通过设置变频器参数、PLC 控制器对此进行编程控制，以便设备可以正常投入使用。

【工作任务】

PLC 控制电动机正、反转运行调试实训。

【完成时间】

此工作任务完成时间为 8 课时，指导性课时安排见项表 16-1。

项表 16-1　指导性课时安排

课　　时	内　　容	备　　注
1～5	引入课题、了解变频器控制原理、绘制变频器接线图、绘制 I/O 分配表、进行参数设置流程练习和项目编程练习	
6～8	编程实训，进行项目扩展练习	

【任务目标】

有 1 个电动机由变频器控制，通过 PLC 编程控制变频器，以达到控制电动机正、反转运行。

【任务要求】

1）绘制 I/O 分配表与变频器接线图。

2）以 6S 作业规范来实施项目。

3）完成变频器参数出厂设置。

4）完成变频器多功能端子相关功能的参数设定。

5）完成通电前的线路排查。

6）完成程序控制认证。

7）严格按照第 1 章的安全规范标准实施本项目。

【学习目标】

1）掌握变频器面板操作。

2）掌握变频器恢复出厂设置。

3）掌握变频器多功能端子控制参数设置。

4）掌握 I/O 分配表的分配方法。

5）掌握变频器 I/O 接线图的绘制与接线。

6）掌握项目实施过程中的 6S 要点。

7）掌握项目实施安全规范标准。

【项目实施】

1. 项目实施流程（项图 16-1）

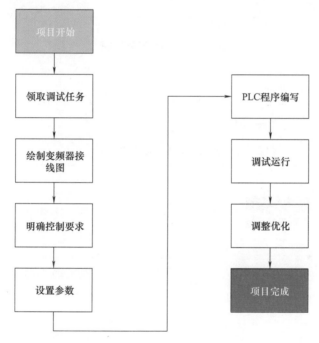

项图 16-1　项目实施流程

2. 写出 I/O 地址分配

本项目的 I/O 分配见项表 16-2。

项表 16-2　输入 / 输出（I/O）分配

输　　　入		输　　　出	
功　　能	PLC 地址	功　　能	PLC 地址
正转按钮	X0	电动机运行	Y0
反转按钮	X1	电动机正转方向	Y1
停止按钮	X2	电动机反转方向	Y2

3. 画出变频器接线图

本项目的 I/O 接线图如项图 16-2 所示。

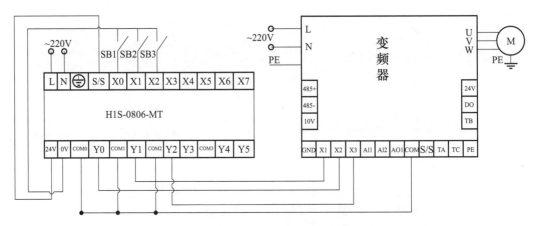

项图 16-2　变频器接线图

4. 程序设计

根据 I/O 分配表及项目控制要求分析，画出本项目控制的梯形图。

项目编程思路分析见项表 16-3。

项表 16-3　项目编程思路分析

正转	按下按钮SB1 → PLC X0接通 → PLC Y0、Y1接通 → 电动机正转运行 ↓ 电动机继续正转运行 ← PLC X1接通 ← 按下反转按钮SB2
反转	按下按钮SB2 → PLC X1接通 → PLC Y0、Y2接通 → 电动机反转运行 ↓ 电动机继续反转运行 ← PLC X0接通 ← 按下正转按钮SB1
停止	按下按钮SB3 → PLC X2接通 → PLC Y0、Y1、Y2断开 → 电动机停止运行

5. 变频器参数设置步骤（项表 16-4）

项表 16-4 变频器参数设置步骤

步 骤	图 示	备 注
第1步：将变频器恢复出厂设置	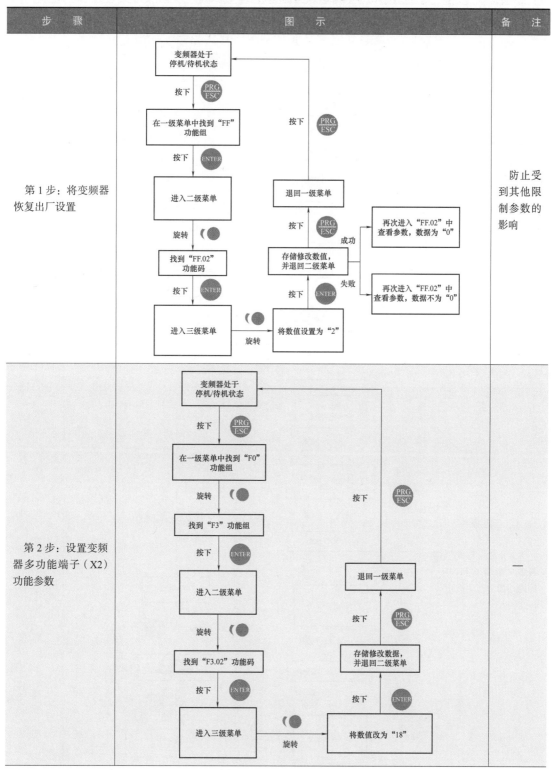	防止受到其他限制参数的影响
第2步：设置变频器多功能端子（X2）功能参数		—

（续）

步　骤	图　示	备　注
第3步：设置变频器多功能端子（X3）功能参数（电动机反转运转方向）	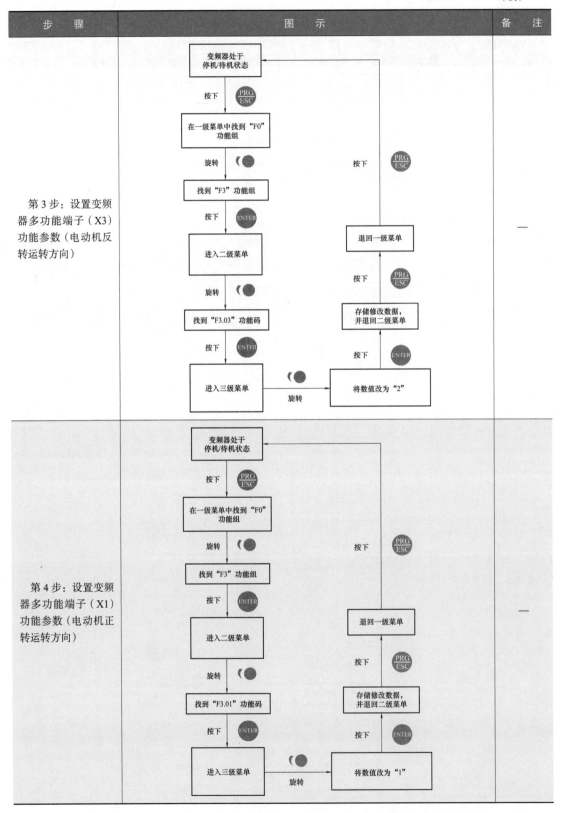	—
第4步：设置变频器多功能端子（X1）功能参数（电动机正转运转方向）		—

6. 项目程序（项图16-3）

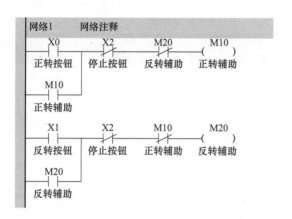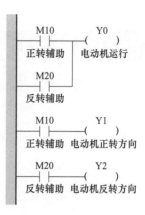

项图16-3　项目程序

7. PLC 程序调试步骤（项表16-5）

项表16-5　PLC 程序调试步骤

操作步骤	操作内容	结　　果	6S
第1步	将 RUN/STOP 开关拨到"STOP"位置		爱护实训设备
第2步	插座取电，合上漏电开关，PLC实训板、变频器实训板上电	PLC"PWR"灯亮，变频器显示器亮，上电成功	用电安全
第3步	连接 PLC 与计算机，将程序下载至 PLC 内		
第4步	将 RUN/STOP 开关拨到"RUN"位置	"RUN"灯亮，模式切换成功	爱护实训设备
第5步	按下按钮 SB1	Y0、Y1 接通，电动机正转运行	用电安全
第6步	按下按钮 SB2	电动机继续正转运行，无变化	用电安全
第7步	按下按钮 SB3	电动机停止运行	用电安全
第8步	按下按钮 SB2	Y0、Y2 接通，电动机反转运行	用电安全
第9步	按下按钮 SB1	电动机继续反转运行，无变化	用电安全
第10步	按下按钮 SB3	电动机停止运行	用电安全
第11步	将 RUN/STOP 开关拨到"STOP"位置	"RUN"灯灭，STOP 成功	
第12步	断开漏电开关，拔掉插头，PLC实训板、变频器实训板断电		用电安全
第13步	整理实训板线路		恢复实训设备

8. 评分标准（项表 16-6）

项表 16-6　项目实施评分标准

项目内容	配分	评分标准	评分依据	得分
职业素养	20分	遵守规章制度、劳动纪律	1）出勤 2）工作态度 3）劳动纪律 4）团队协作精神 5）6S	
		按时按质完成工作任务		
		积极主动承担工作任务，勤学好问		
		人身安全与设备安全		
		工作岗位 6S		
专业能力	60分	掌握变频器面板操作	1）操作的准确性与规范性 2）项目完成情况	
		掌握项目 I/O 分配表的编写方法		
		掌握变频器接线的方法		
		掌握变频器参数出厂设置方法		
		掌握变频器多功能端子相关功能参数设定方法		
		掌握项目实施过程中的 6S 要点		
		掌握项目实施安全规范标准		
		独立完成项目实训		
创新能力	20分	在任务过程中能提出自己的有见解的方案	1）方法可行性 2）建议合理性、创新性 3）题目关联性	
		在教学管理上能提出建议，具有合理性、创新性		
		在项目实施过程中，能根据项目设备设计关联题目，开展编程实训		
定额时间		0.5h，每超过 5min（不足 5min 以 5min 计）	扣 5 分	
备注		除了定额时间，各项目的最高扣分不应超过配分数	成绩	
开始时间		结束时间	实际时间	

9. 项目扩展

现有设备电动机正、反转的速率频率为 30Hz，现在要求在调试时电动机以 40Hz 的速率频率运行；按下启动按钮，电动机先正转运行，6s 后，自动切换至反转运行，再过 6s 自动停止；按下停止按键，电动机立刻停止运行。请根据控制要求编写 I/O 分配表、变频器接线图、变频器参数设置流程，并编写 PLC 程序。

1）I/O 分配表。

2）变频器接线图。

3）变频器参数设置流程。

4）PLC 程序。

项目 17 变频器多段速控制实训一（3 段速）

【工作情景】

某工厂要对厂内新设备传送带进行由慢到快的速率频率分段功能调试，电动机由变频器进行控制；按下启动按钮，电动机先以 10Hz 的速率频率运动，8s 后，以 25Hz 的速率频率运动，再过 8s，电动机以 5Hz 的速率频率运动，最后电动机以 5Hz 的速率频率运行 8s 后自动停止运行；按下停止按钮时，电动机停止运行。现在，硬件已经安装完毕，需要编程人员通过设置变频器参数、PLC 控制器对此进行编程控制，以便设备可以正常投入使用。

【工作任务】

变频器控制电动机 3 段速运行实训。

【完成时间】

此工作任务完成时间为 10 课时，指导性课时安排见项表 17-1。

项表 17-1 指导性课时安排

课 时	内 容	备 注
1～7	引入课题、了解变频器控制原理、绘制变频器接线图、绘制 I/O 分配表、熟悉参数设置流程、进行项目编程练习	
8～10	编程实训，进行项目扩展练习	

【任务目标】

有 1 台电动机由变频器控制，通过 PLC 编程控制变频器，以达到控制电动机以 3 种速率频率运行。

【任务要求】

1）绘制 I/O 分配表与变频器接线图。

2）以 6S 作业规范来实施项目。

3）完成变频器参数出厂设置。

4）完成变频器多功能端子相关功能的参数设定。

5）完成变频器速度控制参数设置方法。

6）完成通电前的线路排查。

7）完成程序控制认证。

8）严格按照第 1 章的安全规范标准实施本项目。

【学习目标】

1）掌握变频器面板操作。

2）掌握变频器恢复出厂设置。

3）掌握变频器多功能端子控制参数设置。

4）掌握变频器速度控制参数设置。

5）掌握 I/O 分配表的分配方法。

6）掌握变频器接线图的绘制与接线。

7）掌握项目实施过程中的 6S 要点。

8）掌握项目实施安全规范标准。

【项目实施】

1. 项目实施流程（项图 17-1）

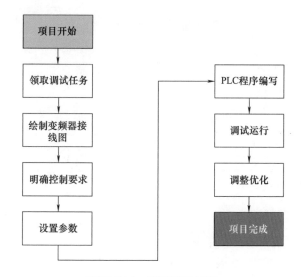

项图 17-1　项目实施流程

2. 写出 I/O 地址分配

本项目的 I/O 分配见项表 17-2。

项表 17-2　输入 / 输出（I/O）分配

输　入		输　出	
功　能	PLC 地址	功　能	PLC 地址
正转按钮	X0	电动机正转运行	Y0
停止按钮	X1	电动机运行速度 1	Y1
—	—	电动机运行速度 2	Y2
—	—	电动机运行速度 3	Y3

3. 画出变频器接线图

本项目的接线图如项图 17-2 所示。

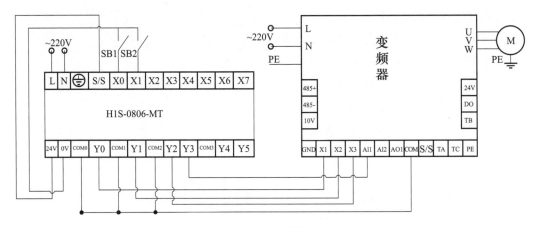

项图 17-2　变频器接线图

4. 程序设计

根据 I/O 分配表及项目控制要求分析，画出本项目控制的梯形图。

项目编程思路分析见项表 17-3。

项表 17-3　项目编程思路分析

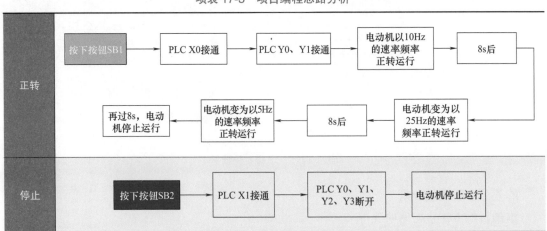

5. 变频器参数设置步骤（项表 17-4）

项表 17-4　变频器参数设置步骤

步　骤	图　示	备　注
第 1 步：将变频器恢复出厂设置	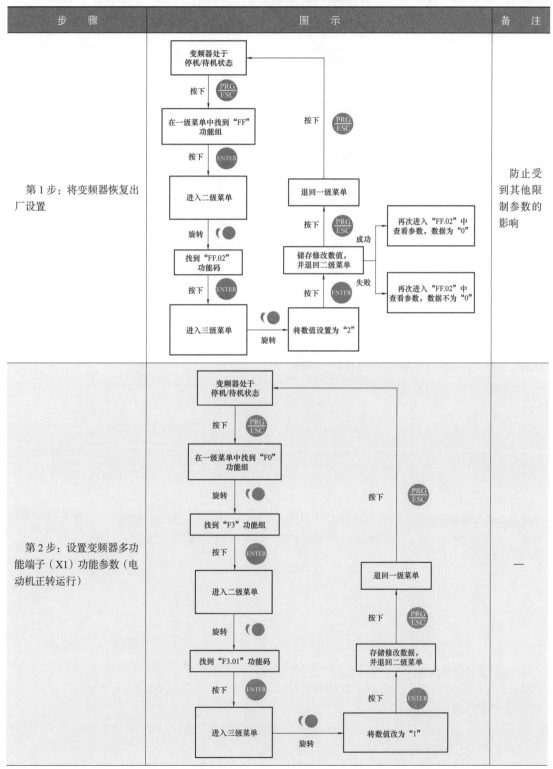	防止受到其他限制参数的影响
第 2 步：设置变频器多功能端子（X1）功能参数（电动机正转运行）		—

（续）

步　骤	图　示	备　注
第3步：设置变频器多功能端子（X2）功能参数（电动机运行速度1）	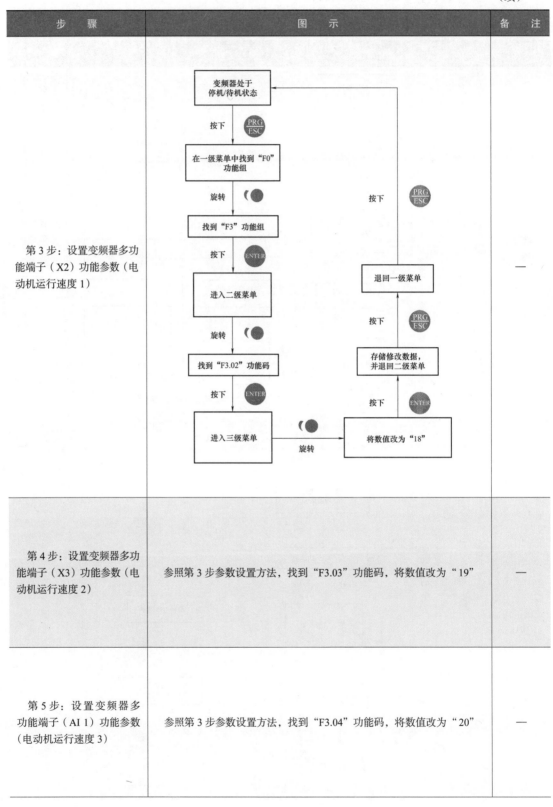	—
第4步：设置变频器多功能端子（X3）功能参数（电动机运行速度2）	参照第3步参数设置方法，找到"F3.03"功能码，将数值改为"19"	—
第5步：设置变频器多功能端子（AI 1）功能参数（电动机运行速度3）	参照第3步参数设置方法，找到"F3.04"功能码，将数值改为"20"	—

（续）

步 骤	图 示	备 注
第6步：设置多段速1的速度（速率频率为10Hz）	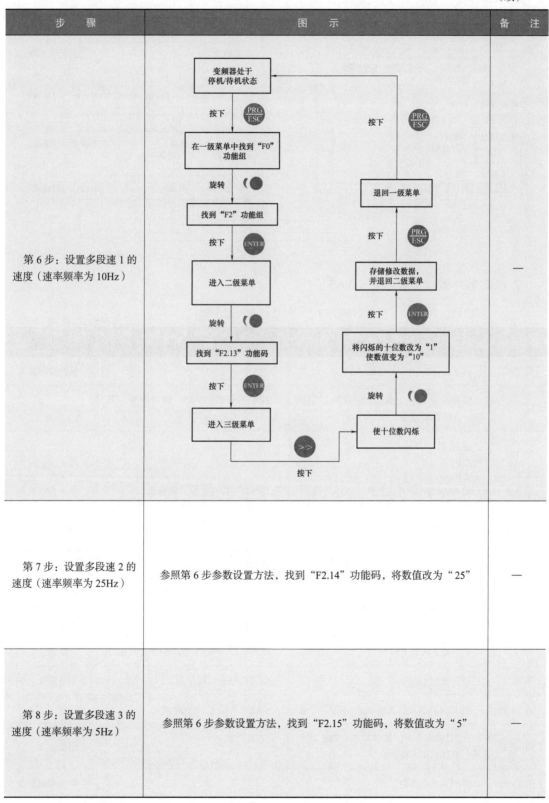	—
第7步：设置多段速2的速度（速率频率为25Hz）	参照第6步参数设置方法，找到"F2.14"功能码，将数值改为"25"	—
第8步：设置多段速3的速度（速率频率为5Hz）	参照第6步参数设置方法，找到"F2.15"功能码，将数值改为"5"	—

6. 项目程序（项图 17-3）

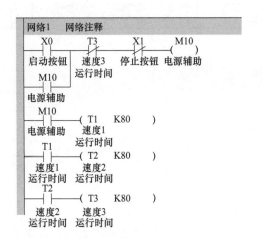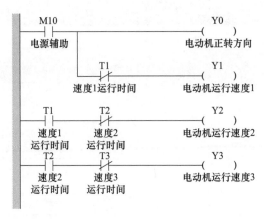

项图 17-3 项目程序

7. PLC 程序调试步骤（项表 17-5）

项表 17-5 PLC 程序调试步骤

操作步骤	操 作 内 容	结　　果	6S
第 1 步	将 RUN/STOP 开关拨到"STOP"位置		爱护实训设备
第 2 步	插座取电，合上漏电开关，PLC 实训板、变频器实训板上电	PLC"PWR"灯亮，变频器显示器亮，上电成功	用电安全
第 3 步	连接 PLC 与计算机，将程序下载至 PLC 内		
第 4 步	将 RUN/STOP 开关拨到"RUN"位置	"RUN"灯亮，模式切换成功	爱护实训设备
第 5 步	按下按钮 SB1	Y0、Y1 接通，电动机以 10Hz 的速率频率正转运行	用电安全
第 6 步	8s 后	电动机以 25Hz 的速率频率正转运行	用电安全
第 7 步	8s 后	电动机以 5Hz 的速率频率正转运行	用电安全
第 8 步	8s 后	电动机停止运行	用电安全
第 9 步	再次按下按钮 SB1	电动机以 10Hz 的速率频率正转运行	用电安全
第 10 步	按下按钮 SB2	电动机停止运行	用电安全
第 11 步	将 RUN/STOP 开关拨到"STOP"位置	"RUN"灯灭，STOP 成功	
第 12 步	断开漏电开关，拔掉插头，PLC 实训板、变频器实训板断电		用电安全
第 13 步	整理实训板线路		恢复实训设备

8. 评分标准（项表 17-6）

项表 17-6　项目实施评分标准

项目内容	配分	评分标准		评分依据	得分
职业素养	20分	遵守规章制度、劳动纪律		1）出勤 2）工作态度 3）劳动纪律 4）团队协作精神 5）6S	
		按时按质完成工作任务			
		积极主动承担工作任务，勤学好问			
		人身安全与设备安全			
		工作岗位 6S			
专业能力	60分	掌握变频器面板操作		1）操作的准确性与规范性 2）项目完成情况	
		掌握项目 I/O 分配表的编写方法			
		掌握变频器接线的方法			
		掌握变频器参数出厂设置方法			
		掌握变频器多功能端子相关功能参数设定方法			
		掌握变频器速度控制参数设置			
		掌握项目实施过程中的 6S 要点			
		掌握项目实施安全规范标准			
		独立完成项目实训			
创新能力	20分	在任务过程中能提出自己的有见解的方案		1）方法可行性 2）建议合理性、创新性 3）题目关联性	
		在教学管理上能提出建议，具有合理性、创新性			
		在项目实施过程中，能根据项目设备设计关联题目，开展编程实训			
定额时间	0.5h，每超过 5min（不足 5min 以 5min 计）			扣 5 分	
备注	除了定额时间，各项目的最高扣分不应超过配分数			成绩	
开始时间		结束时间		实际时间	

9. 项目扩展

设备电动机的转速有 3 种速率频率（5Hz、10Hz、25Hz）可以进行选择，现在要求在调试电动机时，按下启动按钮，电动机先以 5Hz 的速率频率正转运行 6s，暂停 1s；再以 10Hz 的速率频率反转运行 6s，暂停 1s；再以 25Hz 的速率频率正转运行 6s 后停止；按下停止按钮，电动机立刻停止运行。请根据控制要求编写 I/O 分配表、变频器接线图、变频器参数设置流程，并编写 PLC 程序。

1) I/O 分配表。

2) 变频器接线图。

3) 变频器参数设置流程。

4）PLC 程序。

项目 18　变频器多段速控制实训二（7 段速）

【工作情景】

某工厂要对厂内新设备传送带进行速率频率分段功能调试，电动机是由变频器进行控制；要求电动机有 7 种速率频率（5Hz、8Hz、10Hz、15Hz、20Hz、25Hz、30Hz）可以进行选择，由 7 个按钮进行控制，选择哪种速率频率需按下相应的速度控制按钮；按下停止按钮时，电动机停止运行。现在，硬件已经安装完毕，需要编程人员通过设置变频器参数、PLC 控制器对此进行编程控制，以便设备可以正常投入使用。

【工作任务】

变频器控制电动机 7 段速运行实训。

【完成时间】

此工作任务完成时间为 12 课时，指导性课时安排见项表 18-1。

项表 18-1　指导性课时安排

课　时	内　容	备　注
1~8	引入课题、了解变频器控制原理、绘制变频器接线图、绘制 I/O 分配表、熟悉参数设置流程、进行项目编程练习	
9~12	编程实训，进行项目扩展练习	

【任务目标】

有 1 台电动机由变频器控制，通过 PLC 编程控制变频器，以达到控制电动机以 7 种速率频率运行。

【任务要求】

1）绘制 I/O 分配表与变频器接线图。

2）以 6S 作业规范来实施项目。

3）完成变频器参数出厂设置。

4）完成变频器多功能端子相关功能的参数设定。

5）完成变频器速度控制参数设置方法。

6）完成通电前的线路排查。

7）完成程序控制认证。

8）严格按照第 1 章的安全规范标准实施本项目。

【学习目标】

1）掌握变频器面板操作。

2）掌握变频器恢复出厂设置。

3）掌握变频器多功能端子控制参数设置。

4）掌握变频器速度控制参数设置。

5）掌握 I/O 分配表的分配方法。

6）掌握变频器接线图的绘制与接线。

7）掌握项目实施过程中的 6S 要点。

8）掌握项目实施安全规范标准。

【项目实施】

1. 项目实施流程（项图 18-1）

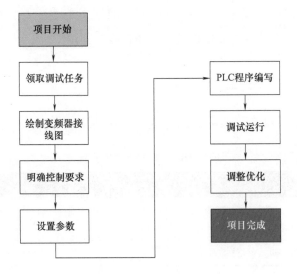

项图 18-1　项目实施流程

2. 写出 I/O 地址分配

本项目的 I/O 分配见项表 18-2。

3. 画出变频器接线图

本项目的接线图如项图 18-2 所示。

项表 18-2　输入 / 输出（I/O）分配

输　　入		输　　出	
功　　能	PLC 地址	功　　能	PLC 地址
停止按钮	X0	电动机正转运行	Y0
速度 1 控制按钮	X1	SS1 运行速度	Y1
速度 2 控制按钮	X2	SS2 运行速度	Y2
速度 3 控制按钮	X3	SS3 运行速度	Y3
速度 4 控制按钮	X4	SS4 运行速度	Y4
速度 5 控制按钮	X5	—	—
速度 6 控制按钮	X6	—	—
速度 7 控制按钮	X7	—	—

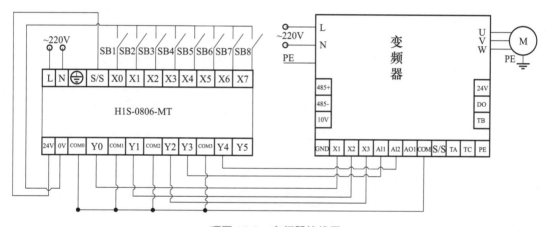

项图 18-2　变频器接线图

4. 程序设计

根据 I/O 分配表及项目控制要求分析，画出本项目控制的梯形图。

项目编程思路分析见项表 18-3。

项表 18-3　项目编程思路分析

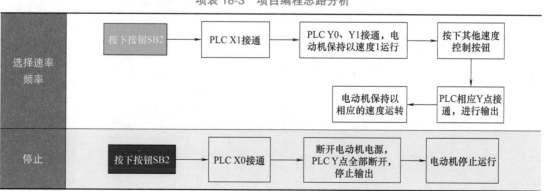

5. 变频器参数设置步骤（项表18-4）

项表18-4　变频器参数设置步骤

步　　骤	图　　示	备　注
第1步：将变频器恢复出厂设置	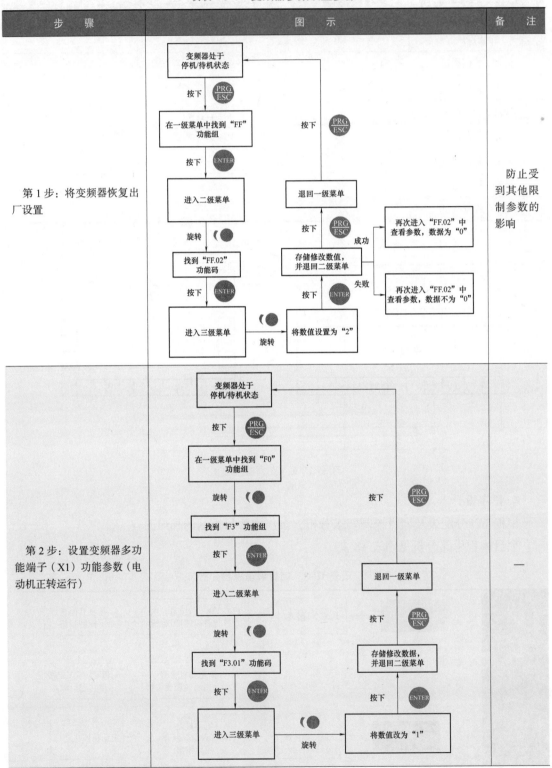	防止受到其他限制参数的影响
第2步：设置变频器多功能端子（X1）功能参数（电动机正转运行）		—

（续）

步　骤	图　示	备　注
第 3 步：设置变频器多功能端子（X2）功能参数（SS1 运行速度）		—
第 4 步：设置变频器多功能端子（X3）功能参数（SS2 运行速度）	参照第 3 步参数设置方法，找到"F3.03"功能码，将数值改为"27"	—
第 5 步：设置变频器多功能端子（AI 1）功能参数（SS3 运行速度）	参照第 3 步参数设置方法，找到"F3.04"功能码，将数值改为"28"	—
第 6 步：设置变频器多功能端子（AI 2）功能参数（SS4 运行速度）	参照第 3 步参数设置方法，找到"F3.05"功能码，将数值改为"29"	—

（续）

步　　骤	图　　示	备　注
第 7 步：设置多段速 1 的速度（速率频率为 5Hz）	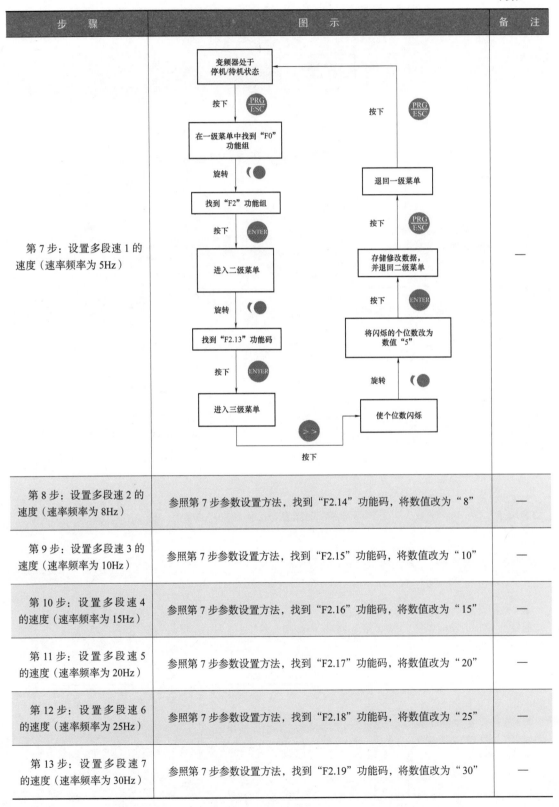	—
第 8 步：设置多段速 2 的速度（速率频率为 8Hz）	参照第 7 步参数设置方法，找到"F2.14"功能码，将数值改为"8"	—
第 9 步：设置多段速 3 的速度（速率频率为 10Hz）	参照第 7 步参数设置方法，找到"F2.15"功能码，将数值改为"10"	—
第 10 步：设置多段速 4 的速度（速率频率为 15Hz）	参照第 7 步参数设置方法，找到"F2.16"功能码，将数值改为"15"	—
第 11 步：设置多段速 5 的速度（速率频率为 20Hz）	参照第 7 步参数设置方法，找到"F2.17"功能码，将数值改为"20"	—
第 12 步：设置多段速 6 的速度（速率频率为 25Hz）	参照第 7 步参数设置方法，找到"F2.18"功能码，将数值改为"25"	—
第 13 步：设置多段速 7 的速度（速率频率为 30Hz）	参照第 7 步参数设置方法，找到"F2.19"功能码，将数值改为"30"	—

6. 项目程序（项图 18-3）

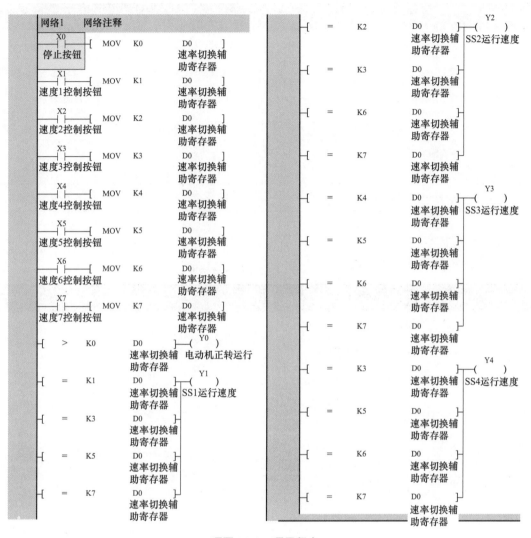

项图 18-3 项目程序

7. PLC 程序调试步骤（项表 18-5）

项表 18-5 PLC 程序调试步骤

操作步骤	操 作 内 容	结 果	6S
第1步	将 RUN/STOP 开关拨到"STOP"位置		爱护实训设备
第2步	插座取电，合上漏电开关，PLC 实训板、变频器实训板上电	PLC"PWR"灯亮，变频器显示器亮，上电成功	用电安全
第3步	连接 PLC 与计算机，将程序下载至 PLC 内		
第4步	将 RUN/STOP 开关拨到"RUN"位置	"RUN"灯亮，模式切换成功	爱护实训设备
第5步	按下按钮 SB2（速度1控制按钮）	电动机以 5Hz 的速度频率运行	用电安全

（续）

操作步骤	操作内容	结果	6S
第6步	按下按钮 SB3（速度2控制按钮）	电动机以8Hz的速度频率运行	用电安全
第7步	按下其他按钮	电动机以相应的速率频率运行	用电安全
第8步	按下停止按钮 SB1	电动机停止运行	用电安全
第9步	将 RUN/STOP 开关拨到"STOP"位置	"RUN"灯灭，STOP 成功	
第10步	断开漏电开关，拔掉插头，PLC 实训板、变频器实训板断电		用电安全
第11步	整理实训板线路		恢复实训设备

8. 评分标准（项表 18-6）

项表 18-6　项目实施评分标准

项目内容	配分	评分标准	评分依据	得分
职业素养	20分	遵守规章制度、劳动纪律	1）出勤 2）工作态度 3）劳动纪律 4）团队协作精神 5）6S	
		按时按质完成工作任务		
		积极主动承担工作任务，勤学好问		
		人身安全与设备安全		
		工作岗位 6S		
专业能力	60分	掌握变频器面板操作	1）操作的准确性与规范性 2）项目完成情况	
		掌握项目 I/O 分配表的编写方法		
		掌握变频器接线的方法		
		掌握变频器参数出厂设置方法		
		掌握变频器多功能端子相关功能参数的设定方法		
		掌握变频器速度控制参数设置		
		掌握项目实施过程中的 6S 要点		
		掌握项目实施安全规范标准		
		独立完成项目实训		
创新能力	20分	在任务过程中能提出自己的有见解的方案	1）方法可行性 2）建议合理性、创新性 3）题目关联性	
		在教学管理上能提出建议，具有合理性、创新性		
		在项目实施过程中，能根据项目设备设计关联题目，开展编程实训		

（续）

项目内容	配分	评分标准	评分依据	得分
定额时间	0.5h，每超过 5min（不足 5min 以 5min 计）		扣 5 分	
备注	除了定额时间，各项目的最高扣分不应超过配分数		成绩	
开始时间		结束时间	实际时间	

9. 项目扩展

假设设备电动机的速率频率有 15 种（5Hz、8Hz、10Hz、15Hz、18Hz、20Hz、25Hz、28Hz、30Hz、35Hz、38Hz、40Hz、45Hz、48Hz、50Hz）可以进行选择，要求有相应的速度控制按钮进行控制；按下速度控制按钮，电动机以相应的速率频率运行；按下停止按钮，电动机立刻停止运行。请根据控制要求编写 I/O 分配表、变频器接线图、变频器参数设置流程，并编写 PLC 程序。

1）I/O 分配表。

2）变频器接线图。

3）变频器参数设置流程。

4）PLC 程序。

项目 19　变频器时序控制实训

【工作情景】

　　某工厂要对新设备电动机进行不同速率频率的运行调试，电动机由变频器进行控制；要求电动机按项图 19-1 所示进行动作，图中按钮 SB1 为启动按钮；电动机加速时间为 2s，减速时间为 3s；按下启动按钮，电动机按项图 19-1 运行；按下停止按钮，电动机立刻停止运行。现在，硬件已经安装完毕，需要编程人员通过设置变频器参数、PLC 控制器对此进行编程控制，以便设备可以正常投入使用。

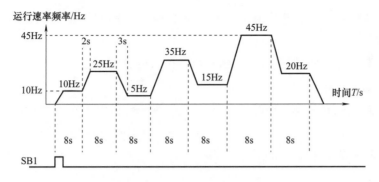

项图 19-1　电动机运行时序图

【工作任务】

变频器控制电动机时序图运行实训。

【完成时间】

此工作任务完成时间为 12 课时，指导性课时安排见项表 19-1。

项表 19-1　指导性课时安排

课　　时	内　　容	备　　注
1～9	引入课题、了解变频器控制原理、绘制变频器接线图、绘制 I/O 分配表、熟悉参数设置流程、进行项目编程练习	
10～12	编程实训，进行项目扩展练习	

【任务目标】

有 1 台电动机由变频器控制，通过 PLC 编程控制变频器，以达到按钮控制电动机以 7 种速率频率运行。

【任务要求】

1）绘制 I/O 分配表与变频器接线图。

2）以 6S 作业规范来实施项目。

3）完成变频器参数出厂设置。

4）完成变频器多功能端子相关功能参数、速度控制参数、加减速时间的参数设定。

5）完成通电前的线路排查。

6）完成程序控制认证。

7）严格按照第 1 章的安全规范标准实施本项目。

【学习目标】

1）掌握变频器面板操作。

2）掌握变频器恢复出厂设置。

3）掌握变频器多功能端子相关功能参数、速度控制参数、加减速时间的参数设定方法。

4）掌握变频器接线图的绘制与接线、I/O 分配表的分配方法。

5）掌握项目实施过程中的 6S 要点。

6）掌握项目实施安全规范标准。

【项目实施】

1. 项目实施流程（项图 19-2）

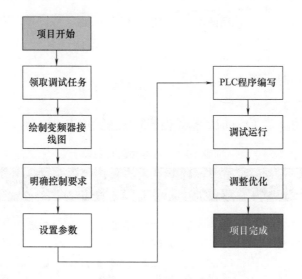

项图 19-2　项目实施流程

2. 写出 I/O 地址分配

本项目的 I/O 分配见项表 19-2。

项表 19-2　输入 / 输出（I/O）分配

输　入		输　出	
功　能	PLC 地址	功　能	PLC 地址
启动按钮	X0	电动机正转方向	Y0
停止按钮	X1	SS1 运行速度	Y1
—	—	SS2 运行速度	Y2
—	—	S31 运行速度	Y3
—	—	SS4 运行速度	Y4

3. 画出变频器接线图

本项目的接线图如项图 19-3 所示。

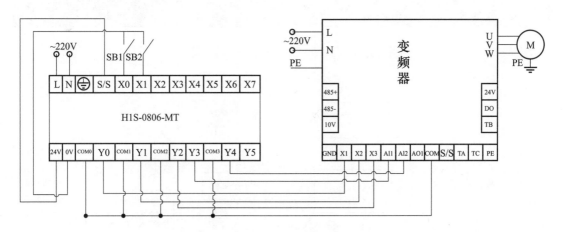

项图 19-3　项目 I/O 接线图

4. 程序设计

根据 I/O 分配表及项目控制要求分析，画出本项目控制的梯形图。

项目编程思路分析见项表 19-3。

项表 19-3　项目编程思路分析

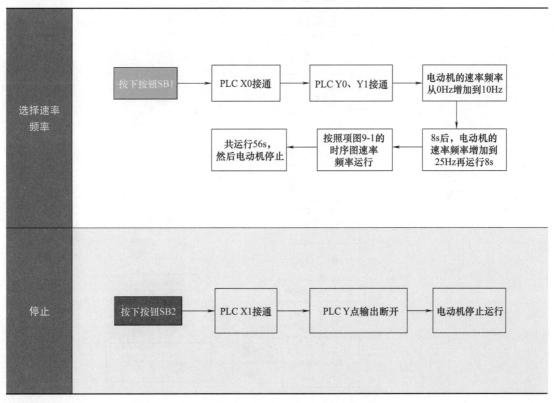

5. 变频器参数设置步骤（项表 19-4）

项表 19-4　变频器参数设置步骤

步　骤	图　示	备　注
第 1 步：将变频器恢复出厂设置	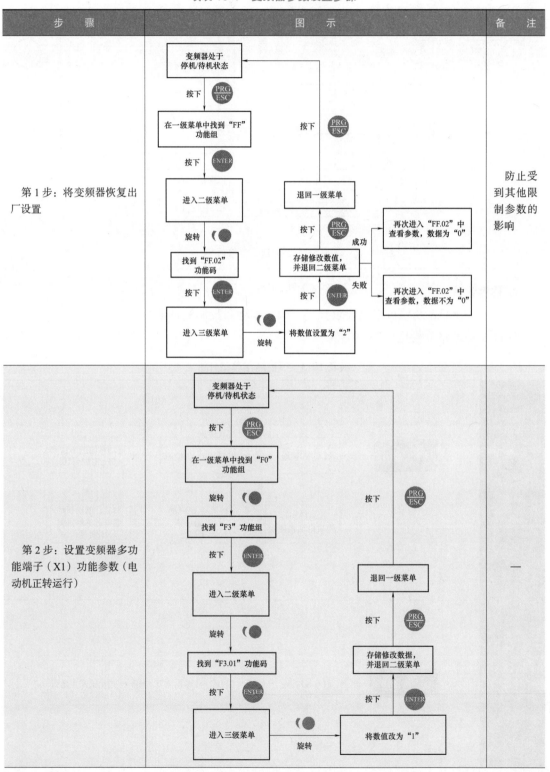	防止受到其他限制参数的影响
第 2 步：设置变频器多功能端子（X1）功能参数（电动机正转运行）		—

（续）

步　骤	图　示	备　注
第3步：设置变频器多功能端子（X2）功能参数（SS1运行速度）	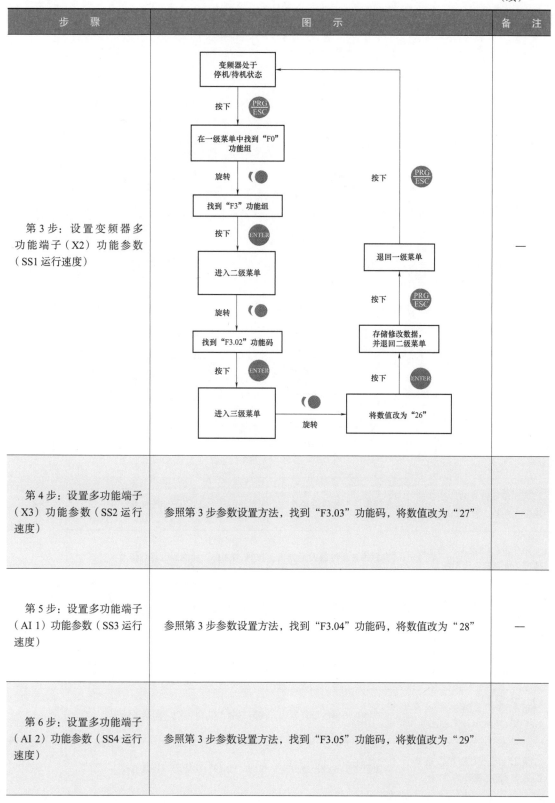	—
第4步：设置多功能端子（X3）功能参数（SS2运行速度）	参照第3步参数设置方法，找到"F3.03"功能码，将数值改为"27"	—
第5步：设置多功能端子（AI 1）功能参数（SS3运行速度）	参照第3步参数设置方法，找到"F3.04"功能码，将数值改为"28"	—
第6步：设置多功能端子（AI 2）功能参数（SS4运行速度）	参照第3步参数设置方法，找到"F3.05"功能码，将数值改为"29"	—

（续）

步　　骤	图　　示	备　注
第 7 步：设置多段速 1 的速度（速率频率为 10Hz）		—
第 8 步：设置多段速 2 的速度（速率频率为 25Hz）	参照第 7 步参数设置方法，找到"F2.14"功能码，将数值改为"25"	—
第 9 步：设置多段速 3 的速度（速率频率为 5Hz）	参照第 7 步参数设置方法，找到"F2.15"功能码，将数值改为"5"	—
第 10 步：设置多段速 4 的速度（速率频率为 35Hz）	参照第 7 步参数设置方法，找到"F2.16"功能码，将数值改为"35"	—
第 11 步：设置多段速 5 的速度（速率频率为 15Hz）	参照第 7 步参数设置方法，找到"F2.17"功能码，将数值改为"15"	—
第 12 步：设置多段速 6 的速度（速率频率为 45Hz）	参照第 7 步参数设置方法，找到"F2.18"功能码，将数值改为"45"	—
第 13 步：设置多段速 7 的速度（速率频率为 20Hz）	参照第 7 步参数设置方法，找到"F2.19"功能码，将数值改为"20"	—

（续）

步　骤	图　示	备　注
第14步：设置加速时间功能参数（2s）	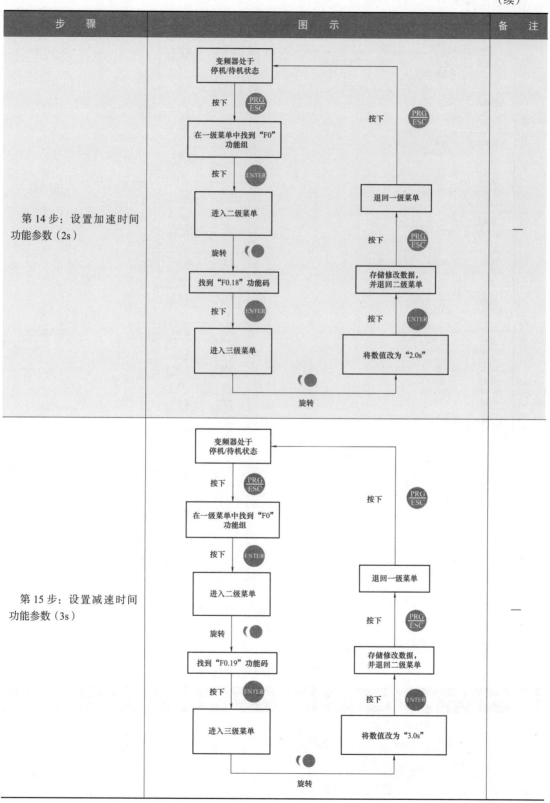	—
第15步：设置减速时间功能参数（3s）		—

6. 项目程序（项图 19-4）

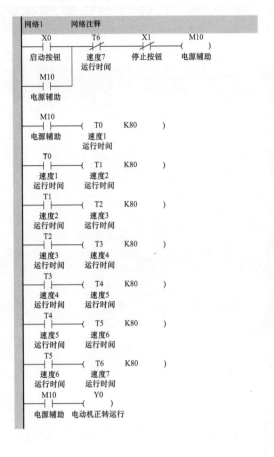
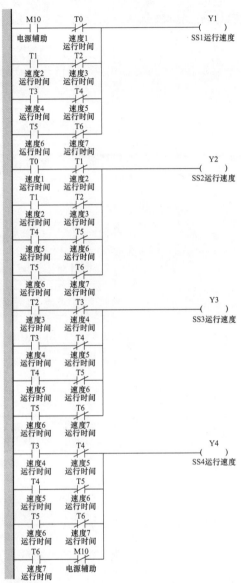

项图 19-4　项目程序

7. PLC 程序调试步骤（项表 19-5）

项表 19-5　PLC 程序调试步骤

操作步骤	操 作 内 容	结　果	6S
第 1 步	将 RUN/STOP 开关拨到"STOP"位置		爱护实训设备
第 2 步	插座取电，合上漏电开关，PLC 实训板、变频器实训板上电	PLC"PWR"灯亮，变频器显示器亮，上电成功	用电安全
第 3 步	连接 PLC 与计算机，将程序下载至 PLC 内		

（续）

操作步骤	操作内容	结　果	6S
第 4 步	将 RUN/STOP 开关拨到"RUN"位置	"RUN"灯亮，模式切换成功	爱护实训设备
第 5 步	按下启动按钮 SB1	电动机以 10Hz 的速率频率运行	用电安全
第 6 步	8s 后	电动机加速，以 25Hz 的速率频率运行	用电安全
第 7 步	再过 8s	电动机减速，以 5Hz 的速率频率运行	用电安全
第 8 步	按下停止按钮 SB2	电动机停止运行	用电安全
第 9 步	再按下启动按钮 SB1	电动机按时序图的速率频率运行	
第 10 步	等待 56s	电动机停止运行	
第 11 步	将 RUN/STOP 开关拨到"STOP"位置	"RUN"灯灭，STOP 成功	
第 12 步	断开漏电开关，拔掉插头，PLC 实训板、变频器实训板断电		用电安全
第 13 步	整理实训板线路		恢复实训设备

8. 评分标准（项表 19-6）

项表 19-6　项目实施评分标准

项目内容	配分	评分标准	评分依据	得分
职业素养	20 分	遵守规章制度、劳动纪律	1）出勤 2）工作态度 3）劳动纪律 4）团队协作精神 5）6S	
		按时按质完成工作任务		
		积极主动承担工作任务，勤学好问		
		人身安全与设备安全		
		工作岗位 6S		
专业能力	60 分	掌握变频器面板操作	1）操作的准确性与规范性 2）项目完成情况	
		掌握项目 I/O 分配表的编写方法		
		掌握变频器接线的方法		
		掌握变频器参数出厂设置方法		
		掌握变频器多功能端子相关功能的参数设定方法		
		掌握变频器速度控制参数设置		
		掌握变频器加减速时间控制参数设置		
		掌握项目实施过程中的 6S 要点		
		掌握项目实施安全规范标准		
		独立完成项目实训		

（续）

项目内容	配分	评分标准		评分依据	得分
创新能力	20 分	在任务过程中能提出自己的有见解的方案		1）方法可行性 2）建议合理性、创新性 3）题目关联性	
		在教学管理上能提出建议，具有合理性、创新性			
		在项目实施过程中，能根据项目设备设计关联题目，开展编程实训			
定额时间	0.5h，每超过 5min（不足 5min 以 5min 计）			扣 5 分	
备注	除了定额时间，各项目的最高扣分不应超过配分数			成绩	
开始时间		结束时间		实际时间	

9. 项目扩展

现在，同样以项图 9-1 电动机时序图作为电动机的运行图，将第 5 段速率频率（15Hz）到第 6 段速率频率（45Hz）的加速时间变为 6s；将第 6 段速率频率（45Hz）到第 7 段速率频率（20Hz）的减速时间变为 6s；其他段的加速时间与减速时间不变。请根据控制要求编写 I/O 分配表、变频器接线图、变频器参数设置流程，并编写 PLC 程序。

1）I/O 分配表。

2）变频器接线图。

3）变频器参数设置流程。

4）PLC 程序。

6.4 步进篇

项目 20　步进电动机连续正转控制编程实训

【工作情景】

某任务用汇川 H1S 系列 PLC 作为控制器，要求按下启动按钮，步进电动机连续正转，按下停止按钮，步进电动机停止。

【工作任务】

步进电动机连续正转控制编程实训。

【完成时间】

此工作任务完成时间为 8 课时，指导性课时安排见项表 20-1。

项表 20-1　指导性课时安排

课　时	内　容	备　注
1～4	引入课题、绘制 I/O 分配表、绘制 I/O 接线图、进行驱动器电流设置和驱动器细分设置、熟悉编程操作、进行项目编程练习	
5～8	编程实训，进行项目扩展练习	

【任务目标】

有 1 个 MB450A 步进驱动器和 1 台 42 步进电动机，通过 PLC 编程实现步进电动机连续正转控制编程实训。

【任务要求】

1）绘制 I/O 分配表与接线图。

2）制作项目材料清单。

3）以 6S 作业规范来实施项目。

4）完成按钮控制的程序编写。

5）完成通电前的线路排查。

6）完成程序认证。

7）严格按照第 1 章的安全规范标准实施本项目。

【学习目标】

1）掌握 I/O 分配表的分配方法。

2）掌握 I/O 接线图的绘制。

3）掌握 MB450A 步进驱动器电流设置。

4）掌握 MB450A 步进驱动器细分设置。

5）掌握 PLSY 脉冲输出指令。

6）掌握项目实施过程中的 6S 要点。

7）掌握项目实施安全规范标准。

【项目实施】

1. 项目实施流程（项图 20-1）

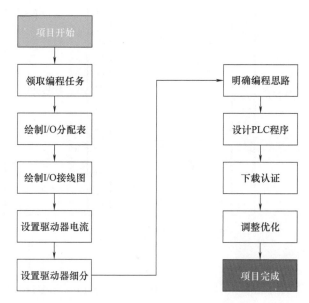

项图 20-1　项目实施流程

2. 写出 I/O 地址分配

本项目的 I/O 分配见项表 20-2。

项表 20-2　输入 / 输出（I/O）分配

输　　入		输　　出	
功　　能	PLC 地址	功　　能	PLC 地址
启动按钮	X0	高速脉冲输出接口	Y0
停止按钮	X1	—	—

3. 画出 PLC 的 I/O 接线图

本项目的 I/O 接线图如项图 20-2 所示。

4. 驱动器设置（项表 20-3 和项表 20-4）

项表 20-3　驱动器电流设置

SW1	ON
SW2	ON
SW3	ON

项表 20-4　驱动器细分设置

SW5	OFF
SW6	OFF
SW7	ON
SW8	ON

227

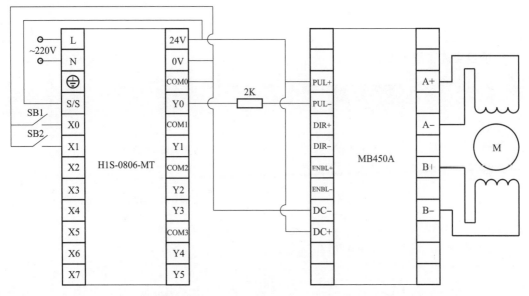

项图 20-2　项目 I/O 接线图

5. 程序设计

根据 I/O 分配表及项目控制要求分析，画出本项目控制的梯形图。

项目编程思路分析见项表 20-5。

项表 20-5　项目编程思路分析

| 起动 | 按下启动按钮SB1 | → | PLC输入X0接通 | → | PLC输出Y0（高速脉冲输出接口）接通 | → | 步进电动机连续运转 |
| 停止 | 按下停止按钮SB2 | → | PLC输入X1接通 | → | PLC输出Y0（高速脉冲输出接口）断开 | → | 步进电动机停止 |

6. PLC 编程软件使用步骤（项表 20-6，需通电后才可以下载程序）

项表 20-6　PLC 编程软件使用步骤

序　号	图　示	备　注
第 1 步：新建一个保存工程用的文件夹	汇川程序保存	—
第 2 步：双击打开软件	AutoShop	程序版本不同，图标可能不同

（续）

序　号	图　示	备　注
第 3 步：新建工程	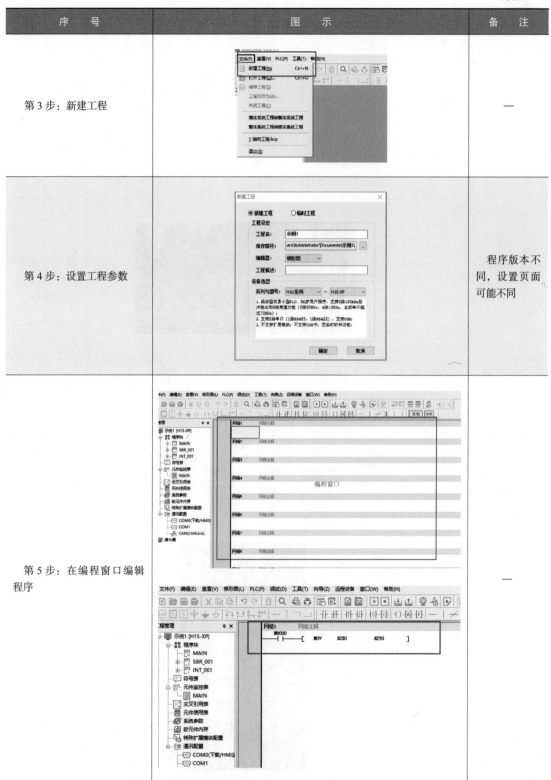	—
第 4 步：设置工程参数		程序版本不同，设置页面可能不同
第 5 步：在编程窗口编辑程序		—

（续）

序　号	图　示	备　注
第 6 步：编译程序（Ctrl + F7）。编译完成即自动保存至文件夹（第 1 步中的文件夹）	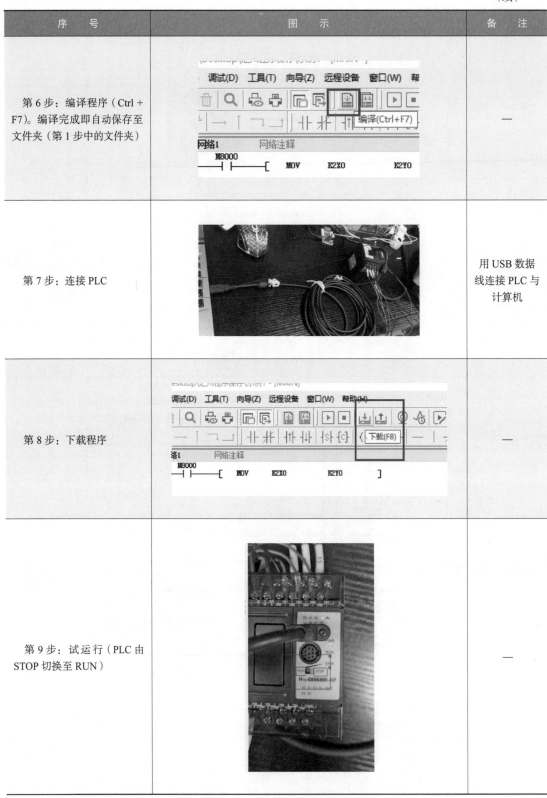	—
第 7 步：连接 PLC		用 USB 数据线连接 PLC 与计算机
第 8 步：下载程序		
第 9 步：试运行（PLC 由 STOP 切换至 RUN）		—

7. 步进驱动器设置与接线（项表 20-7）

项表 20-7　步进驱动器设置与接线

内　容	图　示	备　注
MB450A 步进驱动器		—
通过 SW1 ~ SW3 拨码开关设置电流		此时，SW1 ~ SW3 都为 ON，所以驱动器输出电流为 1.00A
通过 SW5 ~ SW8 拨码开关设置细分		此时，SW5、SW6 为 OFF，SW7、SW8 为 ON，所以驱动器设置细分为 1600

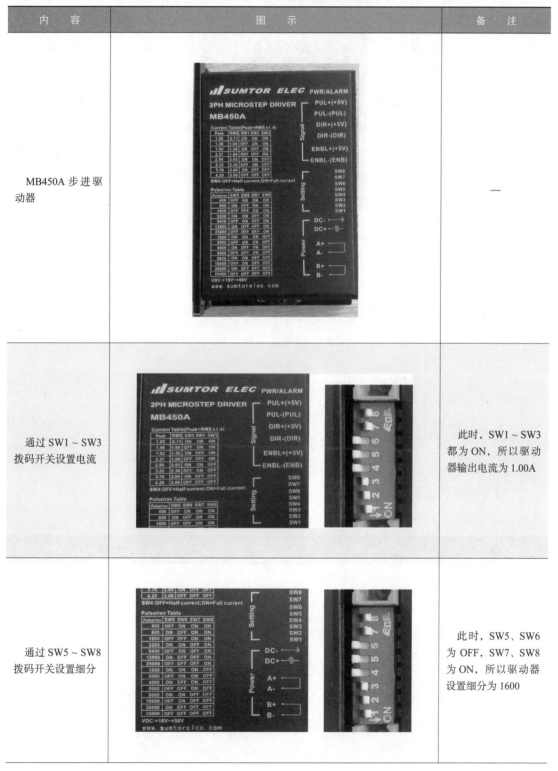

（续）

内　容	图　示	备　注
接线		—

8. 项目程序（项图 20-3）

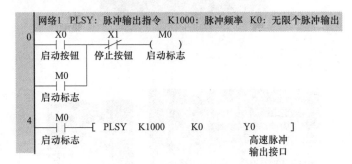

项图 20-3　项目程序

9. PLC 程序调试步骤（项表 20-8）

项表 20-8　PLC 程序调试步骤

操作步骤	操作内容	结　果	6S
第 1 步	将 RUN/STOP 开关拨到"STOP"位置		爱护实训设备
第 2 步	插座取电，合上漏电开关，PLC 实训板上电	PLC "PWR" 灯亮，上电成功	用电安全
第 3 步	连接 PLC 与计算机，将程序下载至 PLC 内		
第 4 步	将 RUN/STOP 开关拨到"RUN"位置	"RUN"灯亮，模式切换成功	爱护实训设备
第 5 步	按下启动按钮 SB1	高速脉冲输出接口 Y0 接通，步进电动机连续正转	用电安全
第 6 步	按下停止按钮 SB2	高速脉冲输出接口 Y0 断开，步进电动机停止	用电安全

（续）

操作步骤	操作内容	结　果	6S
第7步	将 RUN/STOP 开关拨到 "STOP" 位置	"RUN" 灯灭，STOP 成功	用电安全
第8步	断开漏电开关，拔掉插头，PLC 实训板断电		用电安全
第9步	整理实训板线路		恢复实训设备

10. 评分标准（项表 20-9）

项表 20-9　项目实施评分标准

项目内容	配分	评分标准	评分依据	得分
职业素养	20分	遵守规章制度、劳动纪律	1）出勤 2）工作态度 3）劳动纪律 4）团队协作精神 5）6S	
		按时按质完成工作任务		
		积极主动承担工作任务，勤学好问		
		人身安全与设备安全		
		工作岗位 6S		
专业能力	60分	掌握编程软件的使用步骤	1）操作的准确性与规范性 2）项目完成情况	
		掌握项目 I/O 分配表的编写方法		
		掌握项目 I/O 接线图的绘制		
		掌握 MB450A 步进驱动器电流设置		
		掌握 MB450A 步进驱动器细分设置		
		掌握 PLSY 脉冲输出指令		
		掌握项目实施过程中的 6S 要点		
		掌握项目实施安全规范标准		
		独立完成项目实训		
创新能力	20分	在任务过程中能提出自己的有见解的方案	1）方法可行性 2）建议合理性、创新性 3）题目关联性	
		在教学管理上能提出建议，具有合理性、创新性		
		在项目实施过程中，能根据项目设备设计关联题目，开展编程实训		
定额时间	0.5h，每超过 5min（不足 5min 以 5min 计）		扣 5 分	
备注	除了定额时间，各项目的最高扣分不应超过配分数		成绩	
开始时间		结束时间	实际时间	

11. 项目扩展

某任务用汇川 H1S 系列 PLC 作为控制器，要求按下启动按钮，步进电动机以 1500Hz 的脉冲频率连续正转，按下停止按钮，步进电动机停止。请根据控制要求编写 I/O 分配表、I/O 接线图、设置驱动器电流和细分，并编写 PLC 程序。

1）I/O 分配表。

2）I/O 接线图。

3）驱动器设置。

电流设置：	细分设置：

4）PLC 程序。

项目 21　步进电动机正、反转控制编程实训

【工作情景】

某任务用汇川 H1S 系列 PLC 作为控制器，要求按下正转启动按钮，步进电动机正转；按下反转启动按钮，步进电动机反转；按下停止按钮，步进电动机停止。电动机正、反转要互锁且能互相切换。

【工作任务】

步进电动机正、反转控制编程实训。

【完成时间】

此工作任务完成时间为 8 课时，指导性课时安排见项表 21-1。

项表 21-1　指导性课时安排

课　　时	内　　容	备　　注
1～4	引入课题、绘制 I/O 分配表、绘制 I/O 接线图、进行驱动器电流设置和驱动器细分设置、熟悉编程操作、进行项目编程练习	
5～8	编程实训，进行项目扩展练习	

【任务目标】

有 1 个 MB450A 步进驱动器和 1 台 42 步进电动机，通过 PLC 编程实现步进电动机正、反转控制编程实训。

【任务要求】

1）绘制 I/O 分配表与接线图。

2）制作项目材料清单。

3）以 6S 作业规范来实施项目。

4）完成按钮控制的程序编写。

5）完成通电前的线路排查。

6）完成程序认证。

7）严格按照第 1 章的安全规范标准实施本项目。

【学习目标】

1）掌握 I/O 分配表的分配方法。

2）掌握 I/O 接线图的绘制。

3）掌握 MB450A 步进驱动器电流设置。

4）掌握 MB450A 步进驱动器细分设置。

5）掌握 PLSY 脉冲输出指令。

6）掌握项目实施过程中的 6S 要点。

7）掌握项目实施安全规范标准。

【项目实施】

1. 项目实施流程（项图 21-1）

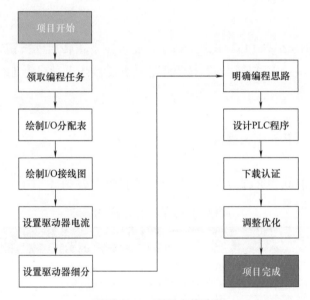

项图 21-1　项目实施流程

2. 写出 I/O 地址分配

本项目的 I/O 分配见项表 21-2。

项表 21-2　输入 / 输出（I/O）分配

输　　入		输　　出	
功　　能	PLC 地址	功　　能	PLC 地址
正转启动按钮	X0	高速脉冲输出接口	Y0
反转启动按钮	X1	方向控制接口	Y1
停止按钮	X2	—	—

3. 画出 PLC 的 I/O 接线图

本项目的 I/O 接线图如项图 21-2 所示。

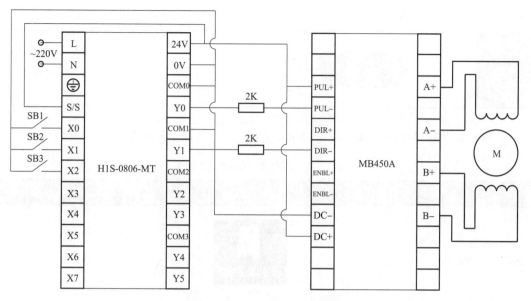

项图 21-2 项目 I/O 接线图

4. 驱动器设置（项表 21-3 和项表 21-4）

项表 21-3 驱动器电流设置

SW1	ON
SW2	ON
SW3	ON

项表 21-4 驱动器细分设置

SW5	OFF
SW6	OFF
SW7	ON
SW8	ON

5. 程序设计

根据 I/O 分配表及项目控制要求分析，画出本项目控制的梯形图。

项目编程思路分析见项表 21-5。

项表 21-5 项目编程思路分析

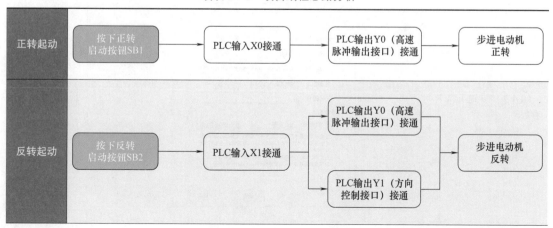

（续）

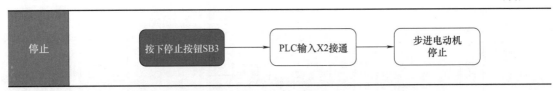

6. PLC 编程软件使用步骤（项表 21-6，需通电后才可以下载程序）

项表 21-6　PLC 编程软件使用步骤

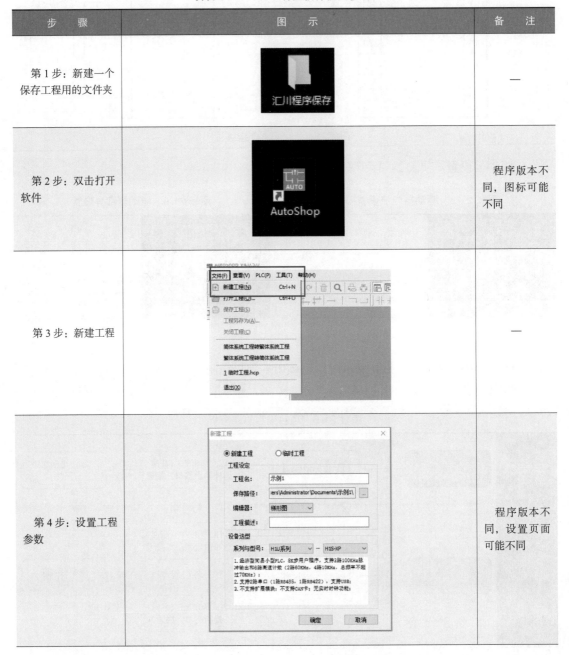

步　　骤	图　　示	备　　注
第 1 步：新建一个保存工程用的文件夹		—
第 2 步：双击打开软件		程序版本不同，图标可能不同
第 3 步：新建工程		—
第 4 步：设置工程参数		程序版本不同，设置页面可能不同

（续）

步　　骤	图　　示	备　　注
第5步：在编程窗口编辑程序	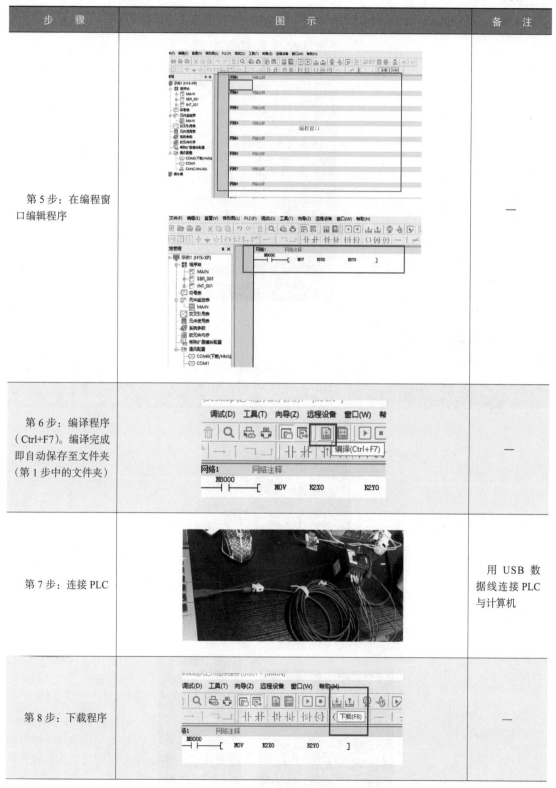	—
第6步：编译程序（Ctrl+F7）。编译完成即自动保存至文件夹（第1步中的文件夹）		—
第7步：连接PLC		用 USB 数据线连接 PLC 与计算机
第8步：下载程序		—

（续）

步　骤	图　示	备　注
第9步：试运行（PLC由STOP切换至RUN）	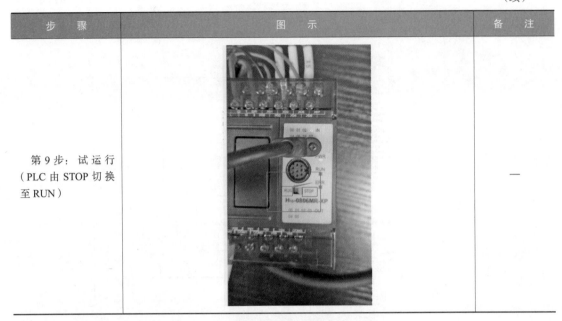	—

7. 步进驱动器设置与接线（项表21-7）

项表21-7　步进驱动器设置与接线

内　容	图　示	备　注
MB450A步进驱动器		—
通过SW1～SW3拨码开关设置电流	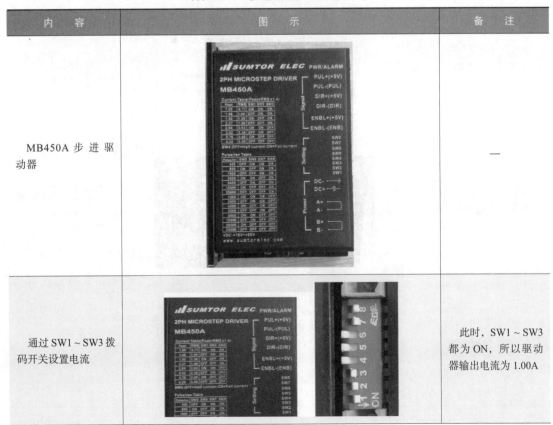	此时，SW1～SW3都为ON，所以驱动器输出电流为1.00A

（续）

内　容	图　示	备　注
通过 SW5～SW8 拨码开关设置细分	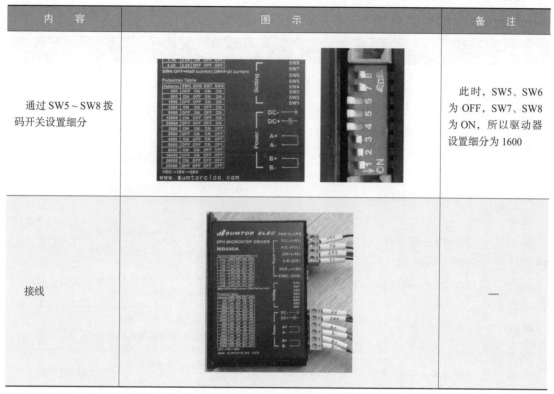	此时，SW5、SW6 为 OFF，SW7、SW8 为 ON，所以驱动器设置细分为 1600
接线	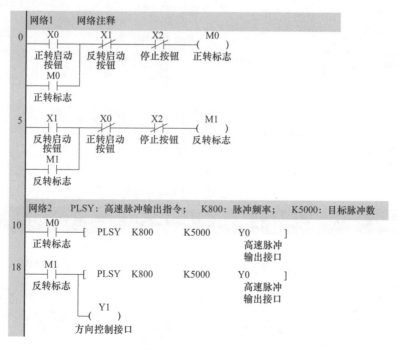	—

8. 项目程序（项图 21-3）

```
网络1    网络注释
0   X0          X1          X2          M0
    ├─┤├─────────┤/├─────────┤/├─────────(   )
    正转启动     反转启动     停止按钮     正转标志
    按钮        按钮
    M0
    ├─┤├─
    正转标志

5   X1          X0          X2          M1
    ├─┤├─────────┤/├─────────┤/├─────────(   )
    反转启动     正转启动     停止按钮     反转标志
    按钮        按钮
    M1
    ├─┤├─
    反转标志

网络2    PLSY：高速脉冲输出指令；   K800：脉冲频率；   K5000：目标脉冲数
10  M0
    ├─┤├──────[ PLSY  K800      K5000      Y0        ]
    正转标志                                高速脉冲
                                          输出接口
18  M1
    ├─┤├──────[ PLSY  K800      K5000      Y0        ]
    反转标志                                高速脉冲
                                          输出接口
                        Y1
                        (   )
                        方向控制接口
```

项图 21-3　项目程序

9. PLC 程序调试步骤（项表 21-8）

项表 21-8　PLC 程序调试步骤

操作步骤	操作内容	结　　果	6S
第 1 步	将 RUN/STOP 开关拨到"STOP"位置		爱护实训设备
第 2 步	插座取电，合上漏电开关，PLC 实训板上电	PLC "PWR"灯亮，上电成功	用电安全
第 3 步	连接 PLC 与计算机，将程序下载至 PLC 内		
第 4 步	将 RUN/STOP 开关拨到"RUN"位置	"RUN"灯亮，模式切换成功	爱护实训设备
第 5 步	按下正转启动按钮 SB1	高速脉冲输出接口 Y0 接通，步进电动机正转	用电安全
第 6 步	按下停止按钮 SB3	高速脉冲输出接口 Y0 断开，步进电动机停止	用电安全
第 7 步	按下反转启动按钮 SB2	高速脉冲输出接口 Y0、方向控制接口 Y1 接通，步进电动机反转	用电安全
第 8 步	按下停止按钮 SB3	高速脉冲输出接口 Y0、方向控制接口 Y1 断开，步进电动机停止	用电安全
第 9 步	按下正转启动按钮 SB1	高速脉冲输出接口 Y0 接通，步进电动机正转	用电安全
第 10 步	电动机正转时，按下反转启动按钮 SB2	高速脉冲输出接口 Y0、方向控制接口 Y1 接通，步进电动机反转	用电安全
第 11 步	电动机反转时，按下正转启动按钮 SB1	高速脉冲输出接口 Y0 接通，步进电动机正转	用电安全
第 12 步	将 RUN/STOP 开关拨到"STOP"位置	"RUN"灯灭，STOP 成功	用电安全
第 13 步	断开漏电开关，拔掉插头，PLC 实训板断电		用电安全
第 14 步	整理实训板线路		恢复实训设备

10. 评分标准（项表 21-9）

项表 21-9　项目实施评分标准

项目内容	配分	评分标准	评分依据	得分
职业素养	20 分	遵守规章制度、劳动纪律 按时按质完成工作任务 积极主动承担工作任务，勤学好问 人身安全与设备安全 工作岗位 6S	1）出勤 2）工作态度 3）劳动纪律 4）团队协作精神 5）6S	

（续）

项目内容	配分	评 分 标 准	评 分 依 据	得分
专业能力	60 分	掌握编程软件的使用步骤	1）操作的准确性与规范性 2）项目完成情况	
		掌握项目 I/O 分配表的编写方法		
		掌握项目 I/O 接线图的绘制		
		掌握 MB450A 步进驱动器电流设置		
		掌握 MB450A 步进驱动器细分设置		
		掌握 PLSY 脉冲输出指令		
		掌握项目实施过程中的 6S 要点		
		掌握项目实施安全规范标准		
		独立完成项目实训		
创新能力	20 分	在任务过程中能提出自己的有见解的方案	1）方法可行性 2）建议合理性、创新性 3）题目关联性	
		在教学管理上能提出建议，具有合理性、创新性		
		在项目实施过程中，能根据项目设备设计关联题目，开展编程实训		
定额时间		1h，每超过 5min（不足 5min 以 5min 计）	扣 5 分	
备注		除了定额时间，各项目的最高扣分不应超过配分数	成绩	
开始时间		结束时间	实际时间	

11. 项目扩展

某任务用汇川 H1S 系列 PLC 作为控制器，要求按下正转启动按钮，步进电动机正转；按下反转启动按钮，步进电动机反转；按下停止按钮，步进电动机停止。要求电动机在正转运行时能切换到反转，在反转运行时能切换到正转。要求脉冲频率设置为 1500，目标脉冲数设置为 9000。请根据控制要求编写 I/O 分配表、I/O 接线图、设置驱动器电流和细分，并编写 PLC 程序。

1）I/O 分配表。

2）I/O 接线图。

3）驱动器设置。

电流设置：	细分设置：

4）PLC 程序。

项目 22　步进电动机带加、减速的正、反转控制编程实训

【工作情景】

某任务用汇川 H1S 系列 PLC 作为控制器，要求按下正转启动按钮，步进电动机正转；按下反转启动按钮，步进电动机反转；按下停止按钮，步进电动机停止。电动机正、反转要互锁且能互相切换。设定电动机加、减速时间为 2s。

【工作任务】

步进电动机带加、减速的正、反转控制编程实训。

【完成时间】

此工作任务完成时间为 8 课时，指导性课时安排见项表 22-1。

项表 22-1　指导性课时安排

课　　时	内　　容	备　　注
1～4	引入课题、绘制 I/O 分配表、绘制 I/O 接线图、进行驱动器电流设置和驱动器细分设置、熟悉编程操作、进行项目编程练习	
5～8	编程实训，进行项目扩展练习	

【任务目标】

有 1 个 MB450A 步进驱动器和 1 台 42 步进电动机，通过 PLC 编程实现步进电动机带加、减速的正、反转控制编程实训。

【任务要求】

1）绘制 I/O 分配表与接线图。

2）制作项目材料清单。

3）以 6S 作业规范来实施项目。

4）完成按钮控制的程序编写。

5）完成通电前的线路排查。

6）完成程序认证。

7）严格按照第 1 章的安全规范标准实施本项目。

【学习目标】

1）掌握 I/O 分配表的分配方法。

2）掌握 I/O 接线图的绘制。

3）掌握 MB450A 步进驱动器电流设置。

4）掌握 MB450A 步进驱动器细分设置。

5）掌握 PLSR 带加、减速的脉冲输出指令。

6）掌握项目实施过程中的 6S 要点。

7）掌握项目实施安全规范标准。

【项目实施】

1. 项目实施流程（项图 22-1）

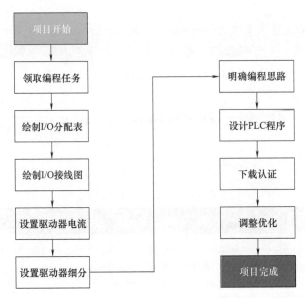

项图 22-1　项目实施流程

2. 写出 I/O 地址分配

本项目的 I/O 分配见项表 22-2。

项表 22-2　输入 / 输出（I/O）分配

输　入		输　出	
功　能	PLC 地址	功　能	PLC 地址
正转启动按钮	X0	高速脉冲输出接口	Y0
反转启动按钮	X1	方向控制接口	Y1
停止按钮	X2	—	—

3. 画出 PLC 的 I/O 接线图

本任务的 I/O 接线图如项图 22-2 所示。

4. 驱动器设置（项表 22-3 和项表 22-4）

项表 22-3　驱动器电流设置

SW1	ON
SW2	ON
SW3	ON

项表 22-4　驱动器细分设置

SW5	OFF
SW6	OFF
SW7	ON
SW8	ON

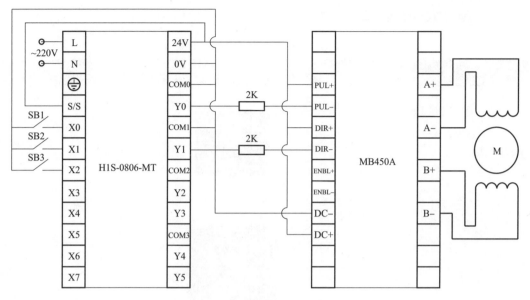

项图 22-2　项目 I/O 接线图

5. 程序设计

根据 I/O 分配表及项目控制要求分析，画出本项目控制的梯形图。

项目编程思路分析见项表 22-5。

项表 22-5　项目编程思路分析

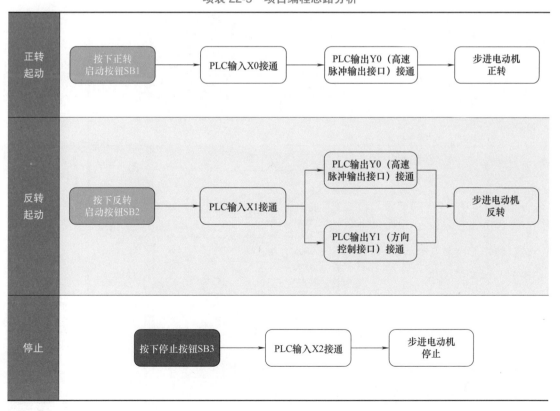

6. PLC 编程软件使用步骤（项表 22-6，需通电后才可以下载程序）

项表 22-6　PLC 编程软件使用步骤

步　　骤	图　　示	备　　注
第 1 步：新建一个保存工程用的文件夹		—
第 2 步：双击打开软件		程序版本不同，图标可能不同
第 3 步：新建工程		—
第 4 步：设置工程参数		程序版本不同，设置页面可能不同

（续）

步 骤	图 示	备 注
第 5 步：在编程窗口编辑程序	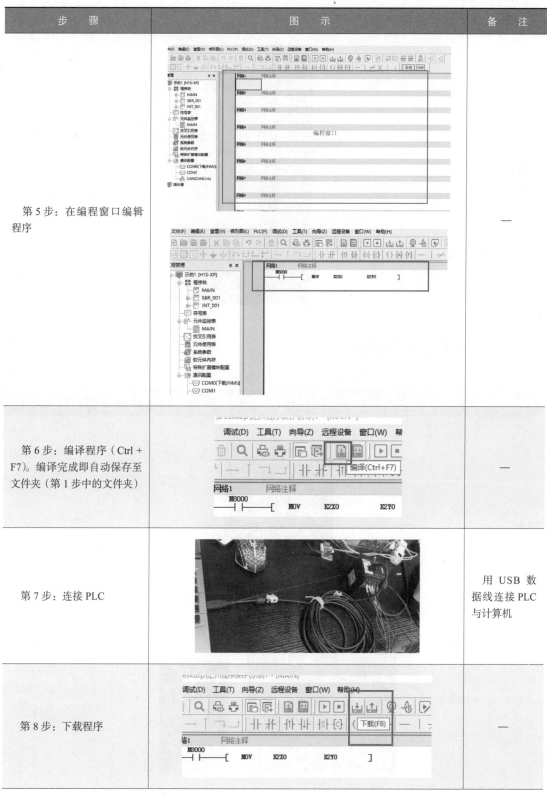	—
第 6 步：编译程序（Ctrl + F7）。编译完成即自动保存至文件夹（第 1 步中的文件夹）		—
第 7 步：连接 PLC		用 USB 数据线连接 PLC 与计算机
第 8 步：下载程序		—

（续）

步　骤	图　示	备　注
第9步：试运行（PLC由STOP切换至RUN）	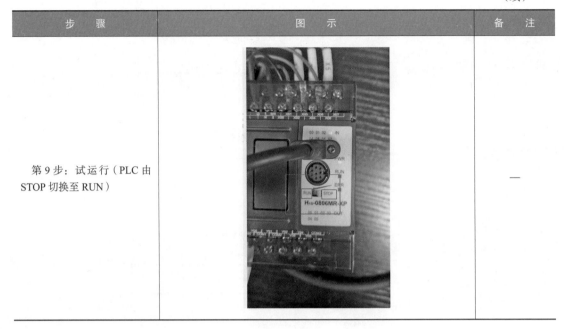	—

7. 步进驱动器设置与接线（项表 22-7）

项表 22-7　步进驱动器设置与接线

内　容	图　示	备　注
MB450A 步进驱动器	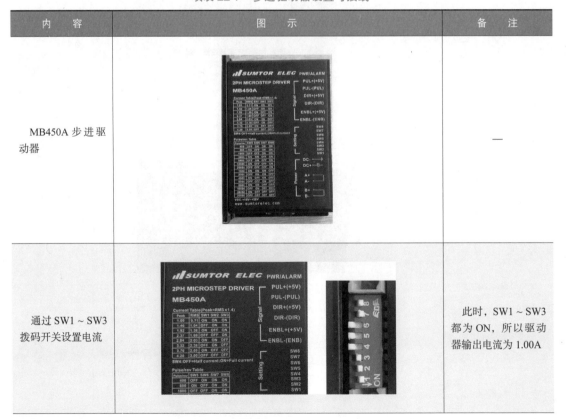	—
通过 SW1～SW3 拨码开关设置电流		此时，SW1～SW3 都为 ON，所以驱动器输出电流为 1.00A

（续）

内　容	图　示	备　注
通过 SW5～SW8 拨码开关设置细分	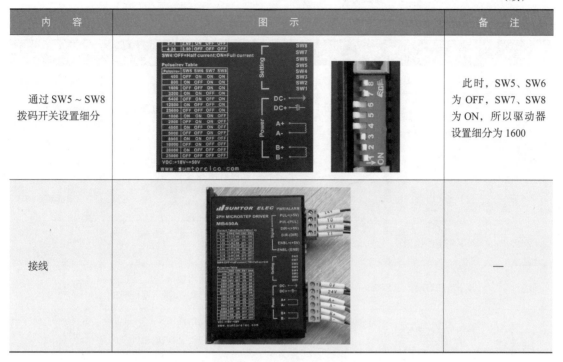	此时，SW5、SW6 为 OFF，SW7、SW8 为 ON，所以驱动器设置细分为 1600
接线	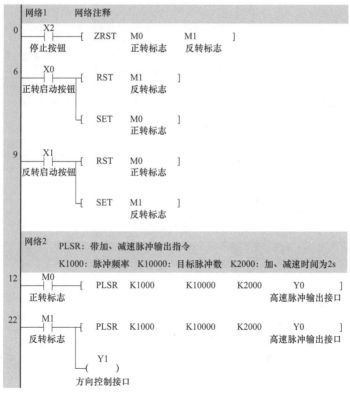	—

8. 项目程序（项图 22-3）

```
网络1      网络注释

0    X2
     ─┤├─────[ ZRST    M0          M1          ]
     停止按钮        正转标志     反转标志

6    X0
     ─┤├─────[ RST     M1          ]
     正转启动按钮      反转标志

           └─[ SET     M0          ]
                       正转标志

9    X1
     ─┤├─────[ RST     M0          ]
     反转启动按钮      正转标志

           └─[ SET     M1          ]
                       反转标志

网络2      PLSR：带加、减速脉冲输出指令
           K1000：脉冲频率  K10000：目标脉冲数  K2000：加、减速时间为2s

12   M0
     ─┤├─────[ PLSR    K1000       K10000      K2000       Y0          ]
     正转标志                                              高速脉冲输出接口

22   M1
     ─┤├─────[ PLSR    K1000       K10000      K2000       Y0          ]
     反转标志                                              高速脉冲输出接口

           └──( Y1 )
               方向控制接口
```

项图 22-3　项目程序

9. PLC 程序调试步骤（项表 22-8）

项表 22-8　PLC 程序调试步骤

操作步骤	操作内容	结　果	6S
第 1 步	将 RUN/STOP 开关拨到"STOP"位置		爱护实训设备
第 2 步	插座取电，合上漏电开关，PLC 实训板上电	PLC "PWR"灯亮，上电成功	用电安全
第 3 步	连接 PLC 与计算机，将程序下载至 PLC 内		
第 4 步	将 RUN/STOP 开关拨到"RUN"位置	"RUN"灯亮，模式切换成功	爱护实训设备
第 5 步	按下正转启动按钮 SB1	高速脉冲输出接口 Y0 接通，步进电动机正转	用电安全
第 6 步	按下停止按钮 SB3	高速脉冲输出接口 Y0 断开，步进电动机停止	用电安全
第 7 步	按下反转启动按钮 SB2	高速脉冲输出接口 Y0、方向控制接口 Y1 接通，步进电动机反转	用电安全
第 8 步	按下停止按钮 SB3	高速脉冲输出接口 Y0、方向控制接口 Y1 断开，步进电动机停止	用电安全
第 9 步	按下正转启动按钮 SB1	高速脉冲输出接口 Y0 接通，步进电动机正转	用电安全
第 10 步	电动机正转时，按下反转启动按钮 SB2	高速脉冲输出接口 Y0、方向控制接口 Y1 接通，步进电动机反转	用电安全
第 11 步	电动机反转时，按下正转启动按钮 SB1	高速脉冲输出接口 Y0 接通，步进电动机正转	用电安全
第 12 步	将 RUN/STOP 开关拨到"STOP"位置	"RUN"灯灭，STOP 成功	用电安全
第 13 步	断开漏电开关，拔掉插头，PLC 实训板断电		用电安全
第 14 步	整理实训板线路		恢复实训设备

10. 评分标准（项表 22-9）

项表 22-9　项目实施评分标准

项目内容	配分	评分标准	评分依据	得分
职业素养	20 分	遵守规章制度、劳动纪律 按时按质完成工作任务 积极主动承担工作任务，勤学好问 人身安全与设备安全 工作岗位 6S	1）出勤 2）工作态度 3）劳动纪律 4）团队协作精神 5）6S	

（续）

项目内容	配分	评 分 标 准	评 分 依 据	得分
专业能力	60 分	掌握编程软件的使用步骤	1）操作的准确性与规范性 2）项目完成情况	
		掌握项目 I/O 分配表的编写方法		
		掌握项目 I/O 接线图的绘制		
		掌握 MB450A 步进驱动器电流设置		
		掌握 MB450A 步进驱动器细分设置		
		掌握 PLSR 带加、减速脉冲输出指令		
		掌握项目实施过程中的 6S 要点		
		掌握项目实施安全规范标准		
		独立完成项目实训		
创新能力	20 分	在任务过程中能提出自己的有见解的方案	1）方法可行性 2）建议合理性、创新性 3）题目关联性	
		在教学管理上能提出建议，具有合理性、创新性		
		在项目实施过程中，能根据项目设备设计关联题目，开展编程实训		
定额时间		1h，每超过 5min（不足 5min 以 5min 计）	扣 5 分	
备注		除了定额时间，各项目的最高扣分不应超过配分数	成绩	
开始时间		结束时间	实际时间	

11. 项目扩展

某任务用汇川 H1S 系列 PLC 作为控制器，要求按下正转启动按钮，步进电动机正转；按下反转启动按钮，步进电动机反转；按下停止按钮，步进电动机停止。电动机正、反转要互锁且能互相切换。要求脉冲频率设置为 2000，目标脉冲数设置为 13000，正转加、减速时间为 2.5s，反转加速、减速时间为 1s。请根据控制要求编写 I/O 分配表、I/O 接线图、设置驱动器电流和细分，并编写 PLC 程序。

1）I/O 分配表。

2）I/O 接线图。

3）驱动器设置。

电流设置：

细分设置：

4）PLC 程序。

项目 23　步进电动机变速控制的自动往返编程实训

【工作情景】

某任务用汇川 H1S 系列 PLC 作为控制器，项目工作示意如项图 23-1 所示。工作台由步进电动机控制，要求按下启动按钮后，工作台先右移，当碰到右限位开关后停止；1s 后工作台左移，当碰到左限位开关后停止，暂停 1s 后，工作台右移。如此，工作台自动往返运动。无论任何时候，当按下停止按钮后，工作台都停止运动。

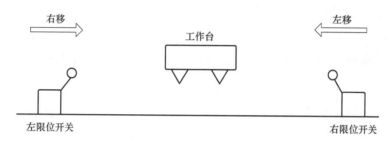

项图 23-1　项目工作示意

【工作任务】

步进电动机变速控制的自动往返编程实训。

【完成时间】

此工作任务完成时间为 10 课时，指导性课时安排见项表 23-1。

项表 23-1　指导性课时安排

课　时	内　　容	备　注
1～5	引入课题、绘制 I/O 分配表、绘制 I/O 接线图、进行驱动器电流设置和驱动器细分设置、熟悉编程操作、进行项目编程练习	
6～10	编程实训，进行项目扩展练习	

【任务目标】

有 1 个 MB450A 步进驱动器和 1 台 42 步进电动机，通过 PLC 编程实现步进电动机变速控制的自动往返编程实训。

【任务要求】

1）绘制 I/O 分配表与接线图。

2）制作项目材料清单。

3）以 6S 作业规范来实施项目。

4）完成按钮控制的程序编写。

5）完成通电前的线路排查。

6）完成程序认证。

7）严格按照第 1 章的安全规范标准实施本项目。

【学习目标】

1）掌握 I/O 分配表的分配方法。

2）掌握 I/O 接线图的绘制。

3）掌握 MB450A 步进驱动器电流设置。

4）掌握 MB450A 步进驱动器细分设置。

5）掌握 PLSV 可变速脉冲输出指令。

6）掌握项目实施过程中的 6S 要点。

7）掌握项目实施安全规范标准。

【项目实施】

1. 项目实施流程（项图 23-2）

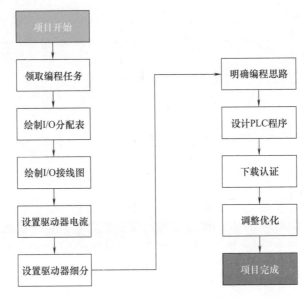

项图 23-2　项目实施流程

2. 写出 I/O 地址分配

本项目的 I/O 分配见项表 23-2。

项表 23-2　输入 / 输出（I/O）分配

输 入		输 出	
功　能	PLC 地址	功　能	PLC 地址
启动按钮	X0	高速脉冲输出接口	Y0
停止按钮	X1	方向控制接口	Y1
左限位开关	X2	—	—
右限位开关	X3	—	—

3. 画出 PLC 的 I/O 接线图

本项目的 I/O 接线图如项图 23-3 所示。

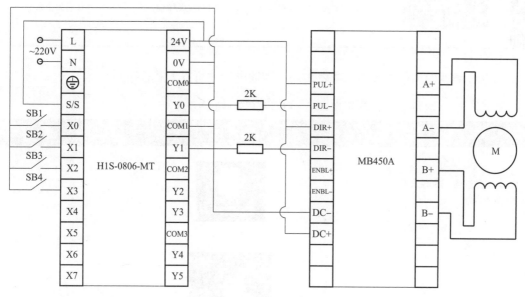

项图 23-3 项目 I/O 接线图

4. 驱动器设置（项表 23-3 和项表 23-4）

项表 23-3 驱动器电流设置

SW1	ON
SW2	ON
SW3	ON

项表 23-4 驱动器细分设置

SW5	OFF
SW6	OFF
SW7	ON
SW8	ON

5. 程序设计

根据 I/O 分配表及项目控制要求分析，画出本项目控制的梯形图。

项目编程思路分析见项表 23-5。

项表 23-5 项目编程思路分析

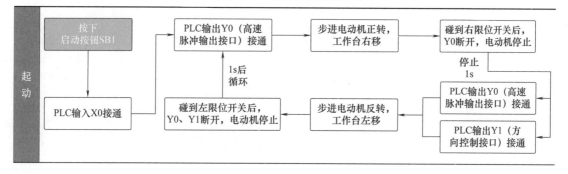

（续）

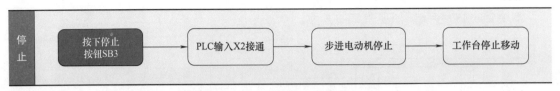

停止	按下停止按钮SB3 → PLC输入X2接通 → 步进电动机停止 → 工作台停止移动

6. PLC 编程软件使用步骤（项表 23-6，需通电后才可以下载程序）

项表 23-6　PLC 编程软件使用步骤

步　骤	图　示	备　注
第 1 步：新建一个保存工程用的文件夹	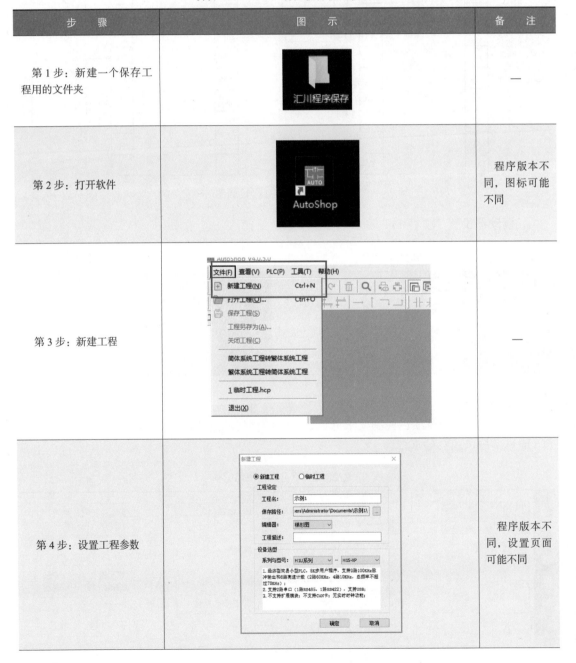	—
第 2 步：打开软件		程序版本不同，图标可能不同
第 3 步：新建工程		—
第 4 步：设置工程参数		程序版本不同，设置页面可能不同

（续）

步　　骤	图　　示	备　注
第5步：在编程窗口编辑程序	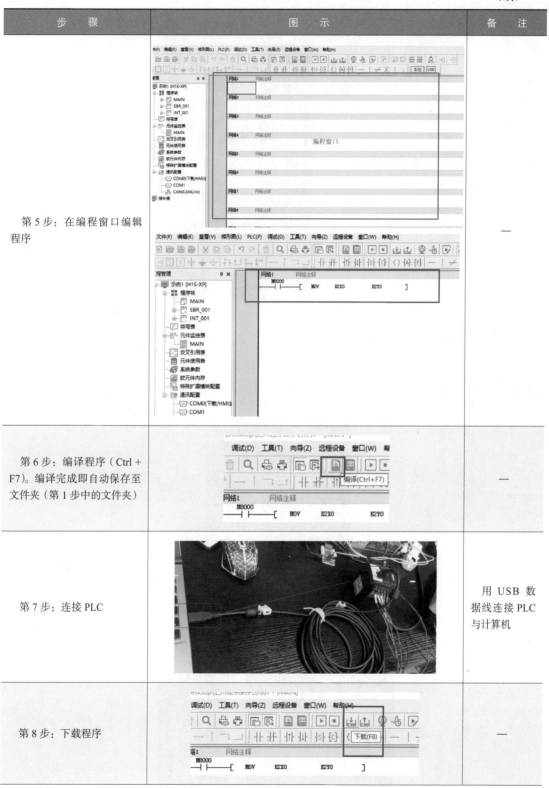	—
第6步：编译程序（Ctrl＋F7）。编译完成即自动保存至文件夹（第1步中的文件夹）		—
第7步：连接PLC		用USB数据线连接PLC与计算机
第8步：下载程序		—

（续）

步　骤	图　示	备　注
第9步：试运行（PLC由STOP切换至RUN）	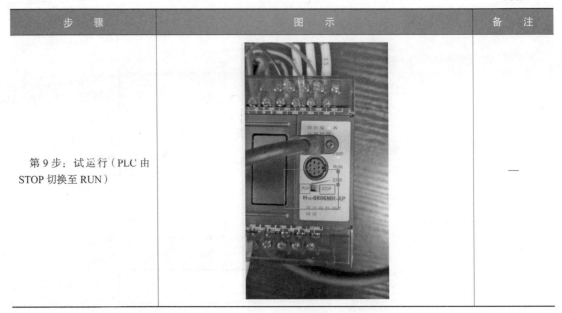	—

7. 步进驱动器设置与接线

项表23-7　步进驱动器设置与接线

内　容	图　示	备　注
MB450A 步进驱动器	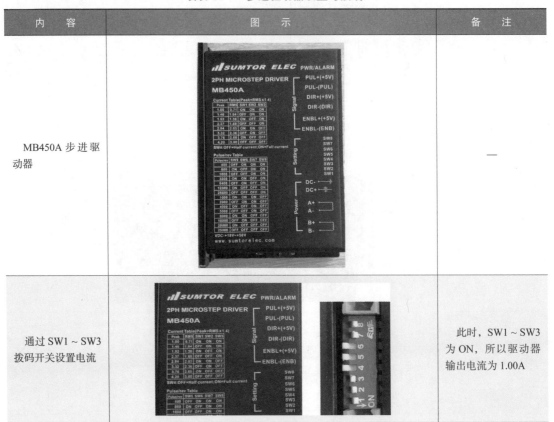	—
通过 SW1～SW3 拨码开关设置电流		此时，SW1～SW3 为 ON，所以驱动器输出电流为 1.00A

（续）

内　容	图　示	备　注
通过 SW5~SW8 拨码开关设置细分	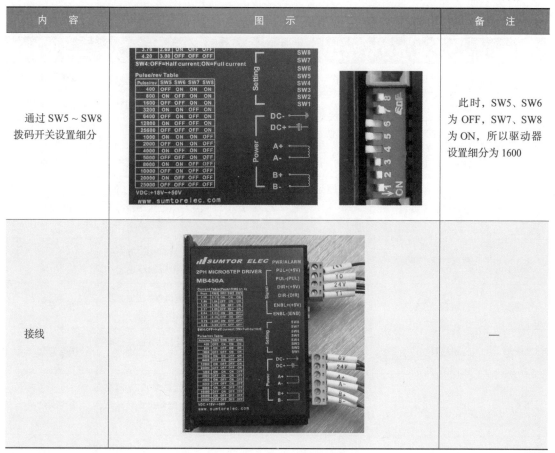	此时，SW5、SW6 为 OFF，SW7、SW8 为 ON，所以驱动器设置细分为 1600
接线		—

8. 项目程序（项图 23-4）

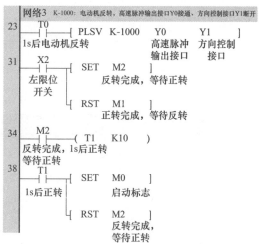

网络1	网络注释

```
0    X0
     ├──┤[ SET    M0        ]
     启动按钮      启动标志

2    X1
     ├──┤[ ZRST   M0    M2   ]
     停止按钮      启动标志  反转完成，等待正转
```

网络2 K1000：电动机正转，高速脉冲输出接口Y0接通、方向控制接口Y1接通

```
8    M0
     ├──┤[ PLSV   K1000  Y0    Y1   ]
     启动标志        高速脉冲  方向控制
                     输出接口  接口

16   X3
     ├──┤[ SET    M1        ]
     右限位开关     正转完成，等待反转

           ┤[ RST    M0        ]
                     启动标志

19   M1
     ├──┤─────( T0    K10   )
     正转完成，1s后电动机反转
     等待反转
```

网络3 K-1000：电动机反转，高速脉冲输出接口Y0接通、方向控制接口Y1断开

```
23   T0
     ├──┤[ PLSV   K-1000  Y0    Y1   ]
     1s后电动机反转     高速脉冲  方向控制
                        输出接口  接口

31   X2
     ├──┤[ SET    M2        ]
     左限位     反转完成，等待正转
     开关
           ┤[ RST    M1        ]
                     正转完成，等待反转

34   M2
     ├──┤─────( T1    K10   )
     反转完成，1s后正转
     等待正转

38   T1
     ├──┤[ SET    M0        ]
     1s后正转    启动标志

           ┤[ RST    M2        ]
                     反转完成，
                     等待正转
```

项图 23-4　项目程序

261

9. PLC 程序调试步骤（项表 23-8）

项表 23-8　PLC 程序调试步骤

操作步骤	操作内容	结　果	6S
第 1 步	将 RUN/STOP 开关拨到"STOP"位置		爱护实训设备
第 2 步	插座取电，合上漏电开关，PLC 实训板上电	PLC "PWR" 灯亮，上电成功	用电安全
第 3 步	连接 PLC 与计算机，将程序下载至 PLC 内		
第 4 步	将 RUN/STOP 开关拨到"RUN"位置	"RUN"灯亮，模式切换成功	爱护实训设备
第 5 步	按下启动按钮 SB1	高速脉冲输出接口 Y0、方向控制接口 Y1 接通，电动机正转，工作台右移	用电安全
第 6 步	碰到右限位开关	高速脉冲输出接口 Y0、方向控制接口 Y1 断开，电机动停止	用电安全
第 7 步	1s 后起动反转	高速脉冲输出接口 Y0 接通，步进电动机反转，工作台左移	用电安全
第 8 步	碰到左限位开关	高速脉冲输出接口 Y0 断开，电机动停止	用电安全
第 9 步	1s 后起动正转（循环）	高速脉冲输出接口 Y0、方向控制接口 Y1 接通，电动机正转，工作台右移	用电安全
第 10 步	按下停止按钮 SB2	高速脉冲输出接口 Y0、方向控制接口 Y1 断开，电动机停止	用电安全
第 11 步	将 RUN/STOP 开关拨到"STOP"位置	"RUN"灯灭，STOP 成功	用电安全
第 12 步	断开漏电开关，拔掉插头，PLC 实训板断电		用电安全
第 13 步	整理实训板线路		恢复实训设备

10. 评分标准（项表 23-9）

项表 23-9　项目实施评分标准

项目内容	配分	评分标准	评分依据	得分
职业素养	20 分	遵守规章制度、劳动纪律 按时按质完成工作任务 积极主动承担工作任务，勤学好问 人身安全与设备安全 工作岗位 6S	1）出勤 2）工作态度 3）劳动纪律 4）团队协作精神 5）6S	

（续）

项目内容	配分	评分标准	评分依据	得分
专业能力	60分	掌握编程软件的使用步骤	1）操作的准确性与规范性 2）项目完成情况	
		掌握项目 I/O 分配表的编写方法		
		掌握项目 I/O 接线图的绘制		
		掌握 MB450A 步进驱动器电流设置		
		掌握 MB450A 步进驱动器细分设置		
		掌握 PLSV 可变速脉冲输出指令		
		掌握项目实施过程中的 6S 要点		
		掌握项目实施安全规范标准		
		独立完成项目实训		
创新能力	20分	在任务过程中能提出自己的有见解的方案	1）方法可行性 2）建议合理性、创新性 3）题目关联性	
		在教学管理上能提出建议，具有合理性、创新性		
		在项目实施过程中，能根据项目设备设计关联题目，开展编程实训		
定额时间	1h，每超过 5min（不足 5min 以 5min 计）		扣 5 分	
备注	除了定额时间，各项目的最高扣分不应超过配分数		成绩	
开始时间		结束时间	实际时间	

11. 项目扩展

某任务用汇川 H1S 系列 PLC 作为控制器，项目工作示意如项图 23-1 所示。工作台由步进电动机控制，要求按下启动按钮后，工作台先左移，当碰到左限位开关后停止；2s 后工作台右移，当碰到右限位开关后停止，暂停 2s 后，工作台左移。如此，工作台自动往返运动。无论任何时候，当按下停止按钮后，工作台都停止运动。请根据控制要求编写 I/O 分配表、I/O 接线图、设置驱动器电流和细分，并编写 PLC 程序。

1）I/O 分配表。

2）I/O 接线图。

3）驱动器设置。

电流设置：	细分设置：

4）PLC 程序。

项目 24　步进电动机相对位置定位控制编程实训

【工作情景】

某任务用汇川 H1S 系列 PLC 作为控制器,项目工作示意如项图 24-1 所示。小车由步进电动机控制,现在小车停放在原点位置。要求按下启动按钮后,步进电动机正转,小车右移到 A 点,暂停 2s,然后步进电动机反转,小车左移到原点位置,暂停 2s,然后再进入正转,如此循环。起动后,无论任何时候,按下停止按钮后,电动机都停止,且小车停止运动(假设小车从原点位置移动到 A 点位置需要 8000 个脉冲)。

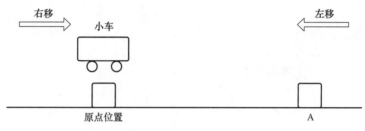

项图 24-1　项目工作示意

【工作任务】

步进电动机相对位置定位控制编程实训。

【完成时间】

此工作任务完成时间为 12 课时,指导性课时安排见项表 24-1。

项表 24-1　指导性课时安排

课　时	内　容	备　注
1~6	引入课题、绘制 I/O 分配表、绘制 I/O 接线图、进行驱动器电流设置和驱动器细分设置、熟悉编程操作、进行项目编程练习	
7~12	编程实训,进行项目扩展练习	

【任务目标】

有 1 个 MB450A 步进驱动器和 1 台 42 步进电动机,通过 PLC 编程实现步进电动机相对位置定位控制编程实训。

【任务要求】

1)绘制 I/O 分配表与接线图。

2)制作项目材料清单。

3)以 6S 作业规范来实施项目。

4)完成按钮控制的程序编写。

5)完成通电前的线路排查。

6)完成程序认证。

7)严格按照第 1 章的安全规范标准实施本项目。

【学习目标】

1）掌握 I/O 分配表的分配方法。

2）掌握 I/O 接线图的绘制。

3）掌握 MB450A 步进驱动器电流设置。

4）掌握 MB450A 步进驱动器细分设置。

5）掌握 DRVI 相对定位指令。

6）掌握项目实施过程中的 6S 要点。

7）掌握项目实施安全规范标准。

【项目实施】

1. 项目实施流程（项图 24-2）

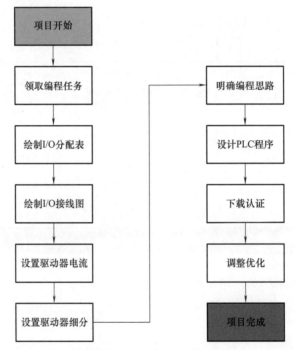

项图 24-2　项目实施流程

2. 写出 I/O 地址分配

本项目的 I/O 分配见项表 24-2。

项表 24-2　输入 / 输出（I/O）分配

输　入		输　出	
功　能	PLC 地址	功　能	PLC 地址
启动按钮	X0	高速脉冲输出接口	Y0
停止按钮	X1	方向控制接口	Y1

3. 画出 PLC 的 I/O 接线图

本项目的 I/O 接线图如项图 24-3 所示。

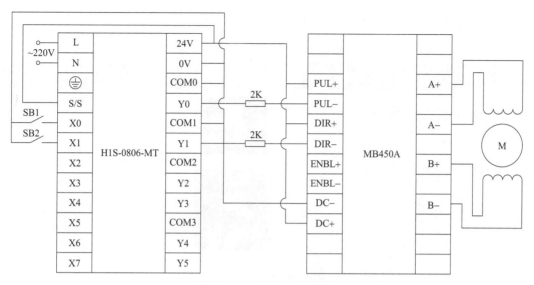

项图 24-3　项目 I/O 接线图

4. 驱动器设置（项表 24-3 和项表 24-4）

项表 24-3　驱动器电流设置

SW1	ON
SW2	ON
SW3	ON

项表 24-4　驱动器细分设置

SW5	OFF
SW6	OFF
SW7	ON
SW8	ON

5. 程序设计

根据 I/O 分配项表及项目控制要求分析，画出本项目控制的梯形图。

项目编程思路分析见项表 24-5。

项表 24-5　项目编程思路分析

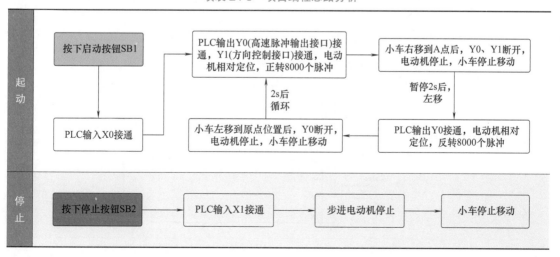

6. PLC 编程软件使用步骤（项表 24-6，需通电后才可以下载程序）

项表 24-6　PLC 编程软件使用步骤

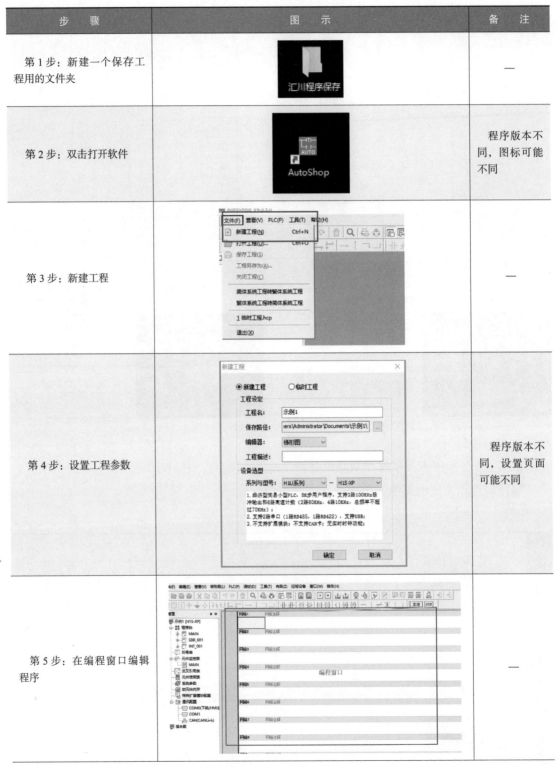

步　骤	图　示	备　注
第 1 步：新建一个保存工程用的文件夹	汇川程序保存	—
第 2 步：双击打开软件	AutoShop	程序版本不同，图标可能不同
第 3 步：新建工程		—
第 4 步：设置工程参数		程序版本不同，设置页面可能不同
第 5 步：在编程窗口编辑程序	编程窗口	—

（续）

步　　骤	图　　示	备　　注
第 5 步：在编程窗口编辑程序	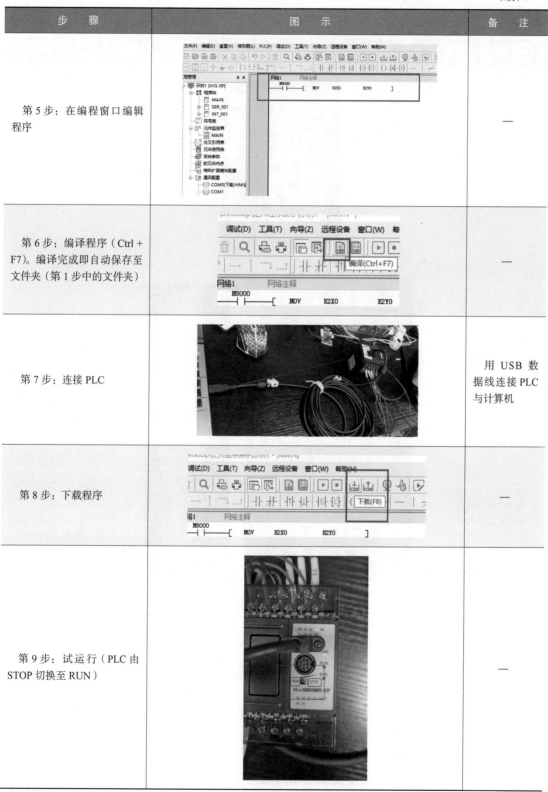	—
第 6 步：编译程序（Ctrl + F7）。编译完成即自动保存至文件夹（第 1 步中的文件夹）		—
第 7 步：连接 PLC		用 USB 数据线连接 PLC 与计算机
第 8 步：下载程序		—
第 9 步：试运行（PLC 由 STOP 切换至 RUN）		—

7. 步进驱动器设置与接线（项表 24-7）

项表 24-7　步进驱动器设置与接线

内　容	图　示	备　注
MB450A 步进驱动器		—
通过 SW1 ~ SW3 拨码开关设置电流		此时，SW1 ~ SW3 为 ON，所以驱动器输出电流为 1.00A
通过 SW5 ~ SW8 拨码开关设置细分		此时，SW5、SW6 为 OFF，SW7、SW8 为 ON，所以驱动器设置细分为 1600
接线		—

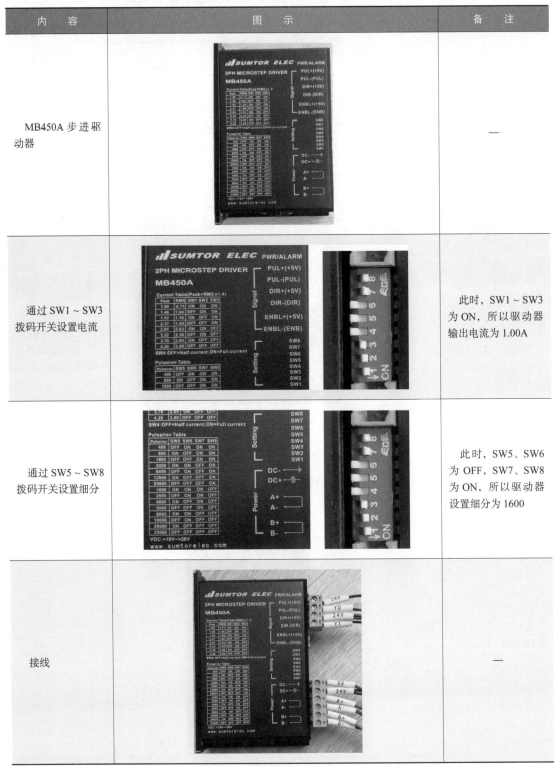

8. 项目程序（项图 24-4）

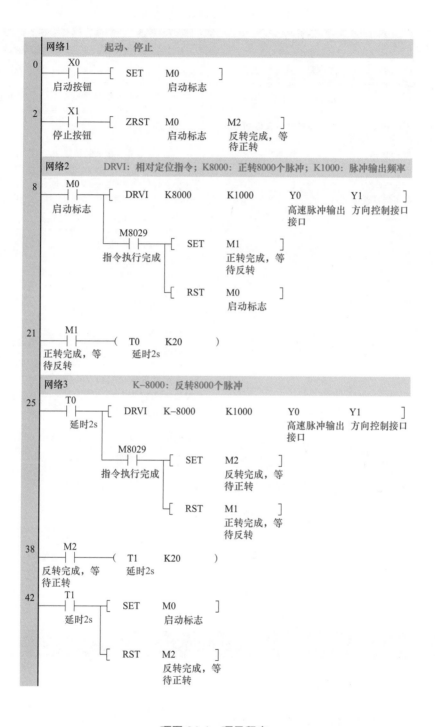

项图 24-4　项目程序

9. PLC 程序调试步骤（项表 24-8）

项表 24-8　PLC 程序调试步骤

操作步骤	操作内容	结　果	6S
第 1 步	将 RUN/STOP 开关拨到"STOP"位置		爱护实训设备
第 2 步	插座取电，合上漏电开关，PLC 实训板上电	PLC"PWR"灯亮，上电成功	用电安全
第 3 步	连接 PLC 与计算机，将程序下载至 PLC 内		
第 4 步	将 RUN/STOP 开关拨到"RUN"位置	"RUN"灯亮，模式切换成功	爱护实训设备
第 5 步	按下启动按钮 SB1	高速脉冲输出接口 Y0、方向控制接口 Y1 接通，电动机正转 8000 个脉冲，小车右移	用电安全
第 6 步	小车以原点为基准右移 8000 个脉冲后	高速脉冲输出接口 Y0、方向控制接口 Y1 断开，电动机停止	用电安全
第 7 步	2s 后起动反转	高速脉冲输出接口 Y0 接通，步进电动机反转，小车左移	用电安全
第 8 步	小车以 A 点为基准左移 8000 个脉冲后	高速脉冲输出接口 Y0 断开，电动机停止	用电安全
第 9 步	2s 后起动正转（循环）	高速脉冲输出接口 Y0、方向控制接口 Y1 接通，电动机正转，小车重新右移	用电安全
第 10 步	按下停止按钮 SB2	高速脉冲输出接口 Y0、方向控制接口 Y1 断开，电动机停止	用电安全
第 11 步	将 RUN/STOP 开关拨到"STOP"位置	"RUN"灯灭，STOP 成功	用电安全
第 12 步	断开漏电开关，拔掉插头，PLC 实训板断电		用电安全
第 13 步	整理实训板线路		恢复实训设备

10. 评分标准（项表 24-9）

项表 24-9　项目实施评分标准

项目内容	配分	评分标准	评分依据	得分
职业素养	20 分	遵守规章制度、劳动纪律	1）出勤 2）工作态度 3）劳动纪律 4）团队协作精神 5）6S	
		按时按质完成工作任务		
		积极主动承担工作任务，勤学好问		
		人身安全与设备安全		
		工作岗位 6S		

（续）

项目内容	配分	评 分 标 准	评 分 依 据	得分
专业能力	60 分	掌握编程软件的使用步骤	1）操作的准确性与规范性 2）项目完成情况	
		掌握项目 I/O 分配表的编写方法		
		掌握项目 I/O 接线图的绘制		
		掌握 MB450A 步进驱动器电流设置		
		掌握 MB450A 步进驱动器细分设置		
		掌握 DRVI 相对定位指令		
		掌握项目实施过程中的 6S 要点		
		掌握项目实施安全规范标准		
		独立完成项目实训		
创新能力	20 分	在任务过程中能提出自己的有见解的方案	1）方法可行性 2）建议合理性、创新性 3）题目关联性	
		在教学管理上能提出建议，具有合理性、创新性		
		在项目实施过程中，能根据项目设备设计关联题目，开展编程实训		
定额时间	1h，每超过 5min（不足 5min 以 5min 计）		扣 5 分	
备注	除了定额时间，各项目的最高扣分不应超过配分数		成绩	
开始时间		结束时间	实际时间	

11. 项目扩展

某任务用汇川 H1S 系列 PLC 作为控制器，项目工作示意如项图 24-1 所示。小车由步进电动机控制，现在小车停放在原点位置。要求按下启动按钮后，步进电动机正转，小车右移到 A 点，暂停 1s，然后电动机反转，小车左移到原点位置，暂停 1s，然后进入正转，如此循环。起动后，无论任何时候，按下停止按钮，小车完成当前移动回到原点后，步进电动机才停止，小车停止运动（假设小车从原点位置移动到 A 点位置需要 10000 个脉冲）。请根据控制要求编写 I/O 分配表、I/O 接线图、设置驱动器电流和细分，并编写 PLC 程序。

1）I/O 分配表。

2）I/O 接线图。

3）驱动器设置。

电流设置：	细分设置：

4）PLC 程序。

项目 25 步进电动机绝对位置定位控制编程实训

【工作情景】

某任务用汇川 H1S 系列 PLC 作为控制器，项目工作示意如项图 25-1 所示。小车由步进电动机控制，现在小车停放在原点位置。要求按下启动按钮后，先向 D8140 寄存器传送 2000 个脉冲。延时 1s，步进电动机控制小车右移到 B 点位置停止。2s 后，步进电动机带动小车左移到 A 点位置停止。2s 后，小车再次右移，如此循环。起动后，无论任何时候，按下停止按钮，当小车回到原点位置后，电动机才停止（假设小车从原点位置移动到 A 点或 B 点位置需要 8000 个脉冲）。

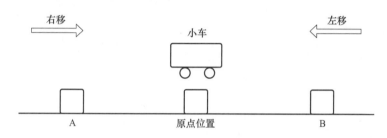

项图 25-1　项目工作示意

【工作任务】

步进电动机绝对位置定位控制编程实训。

【完成时间】

此工作任务完成时间为 12 课时，指导性课时安排见项表 25-1。

项表 25-1　指导性课时安排

课　时	内　容	备　注
1~6	引入课题、绘制 I/O 分配表、绘制 I/O 接线图、设置驱动器电流、进行驱动器细分、熟悉编程操作、进行项目编程练习	
7~12	编程实训，进行项目扩展练习	

【任务目标】

有 1 个 MB450A 步进驱动器和 1 台 42 步进电动机，通过 PLC 编程实现步进电动机绝对位置定位控制编程实训。

【任务要求】

1）绘制 I/O 分配表与接线图。

2）制作项目材料清单。

3）以 6S 作业规范来实施项目。

4）完成按钮控制的程序编写。

5）完成通电前的线路排查。

6）完成程序认证。

7）严格按照第 1 章的安全规范标准实施本项目。

【学习目标】

1）掌握 I/O 分配表的分配方法。

2）掌握 I/O 接线图的绘制。

3）掌握 MB450A 步进驱动器电流设置。

4）掌握 MB450A 步进驱动器细分设置。

5）掌握 DRVA 绝对定位指令。

6）掌握项目实施过程中的 6S 要点。

7）掌握项目实施安全规范标准。

【项目实施】

1. 项目实施流程（项图 25-2）

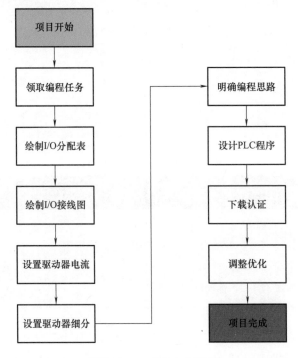

项图 25-2　项目实施流程

2. 写出 I/O 地址分配

本项目的 I/O 分配见项表 25-2。

3. 画出 PLC 的 I/O 接线图

本项目的 I/O 接线图如项图 25-3 所示。

项表 25-2 输入／输出（I/O）分配

输 入		输 出	
功 能	PLC 地址	功 能	PLC 地址
启动按钮	X0	高速脉冲输出接口	Y0
停止按钮	X1	方向控制接口	Y1
原点位置传感器	X2	—	—

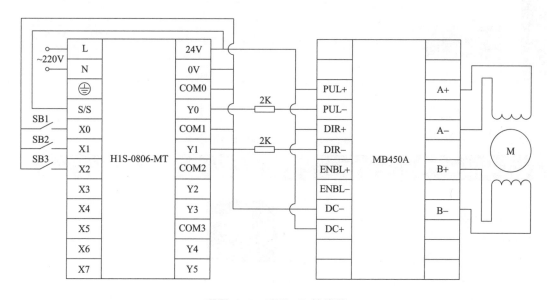

项图 25-3 项目 I/O 接线图

4. 驱动器设置（项表 25-3 和项表 25-4）

项表 25-3 驱动器电流设置

SW1	ON
SW2	ON
SW3	ON

项表 25-4 驱动器细分设置

SW5	OFF
SW6	OFF
SW7	ON
SW8	ON

5. 程序设计

根据 I/O 分配表及项目控制要求分析，画出本项目控制的梯形图。

项目编程思路分析见项表 25-5。

项表 25-5　项目编程思路分析

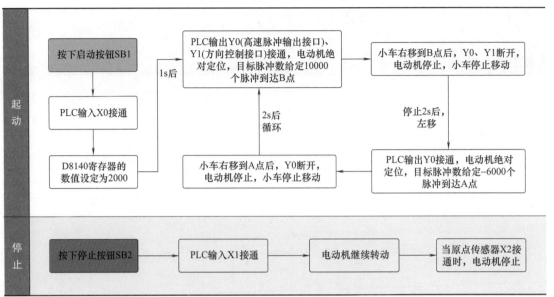

6. PLC 编程软件使用步骤（项表 25-6，需通电后才可以下载程序）

项表 25-6　PLC 编程软件使用步骤

步　骤	图　示	备　注
第 1 步：新建一个保存工程用的文件夹	汇川程序保存	—
第 2 步：双击打开软件	AutoShop	程序版本不同，图标可能不同
第 3 步：新建工程		—

（续）

步 骤	图 示	备 注
第4步：设置工程参数	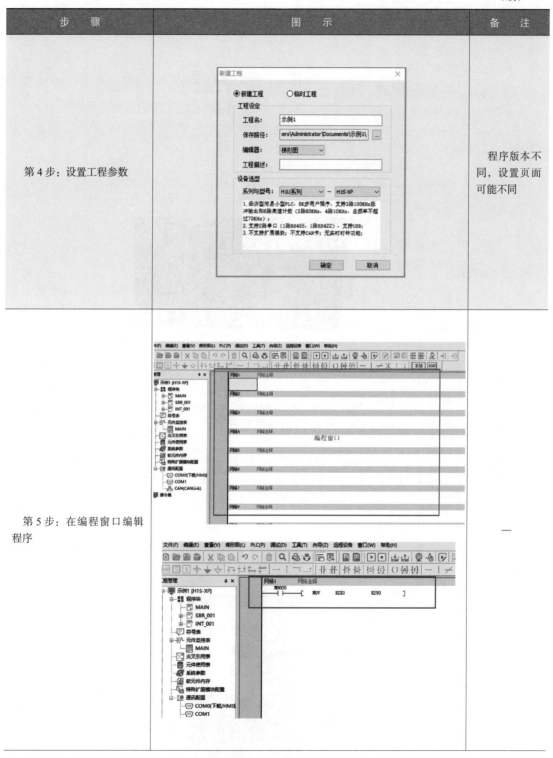	程序版本不同，设置页面可能不同
第5步：在编程窗口编辑程序		—

（续）

步　　骤	图　　示	备　　注
第 6 步：编译程序（Ctrl + F7）。编译完成即自动保存至文件夹（第 1 步中的文件夹）	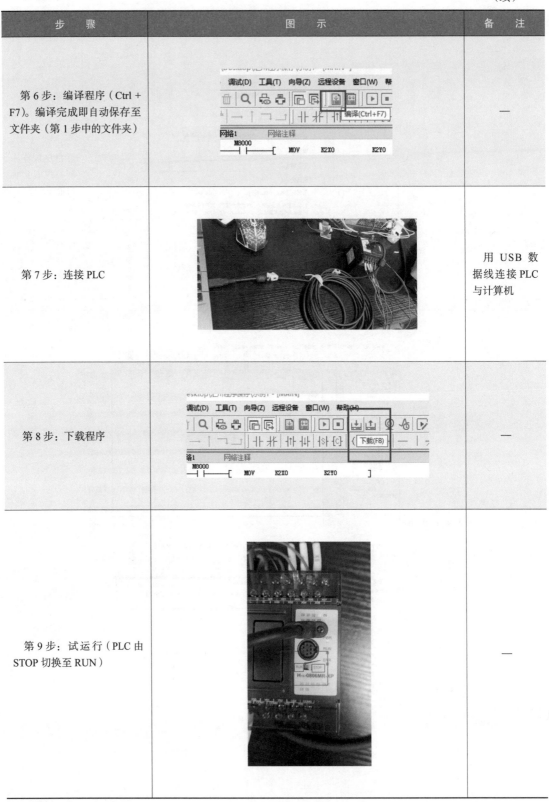	—
第 7 步：连接 PLC		用 USB 数据线连接 PLC 与计算机
第 8 步：下载程序		—
第 9 步：试运行（PLC 由 STOP 切换至 RUN）		—

7. 步进驱动器设置与接线（项表 25-7）

项表 25-7 步进驱动器设置与接线

内　容	图　示	备　注
MB450A 步进驱动器		—
通过 SW1～SW3 拨码开关设置电流		此时，SW1～SW3 为 ON，所以驱动器输出电流为 1.00A
通过 SW5～SW8 拨码开关设置细分		此时，SW5、SW6 为 OFF，SW7、SW8 为 ON，所以驱动器设置细分为 1600
接线		—

8. 项目程序（项图 25-4）

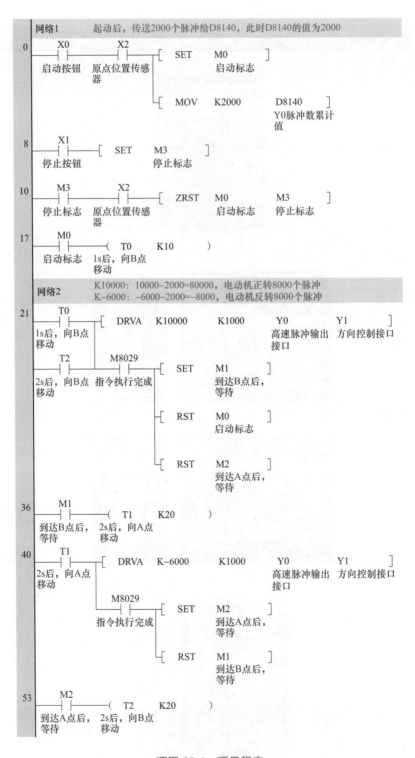

项图 25-4　项目程序

9. PLC 程序调试步骤（项表 25-8）

项表 25-8　PLC 程序调试步骤

操作步骤	操作内容	结　果	6S
第 1 步	将 RUN/STOP 开关拨到"STOP"位置		爱护实训设备
第 2 步	插座取电，合上漏电开关，PLC 实训板上电	PLC "PWR" 灯亮，上电成功	用电安全
第 3 步	连接 PLC 与计算机，将程序下载至 PLC 内		
第 4 步	将 RUN/STOP 开关拨到"RUN"位置	"RUN"灯亮，模式切换成功	爱护实训设备
第 5 步	按下启动按钮 SB1	传送 2000 个脉冲到 D8140	用电安全
第 6 步	延时 1s 后	高速脉冲输出接口 Y0、方向控制接口 Y1 接通，电动机绝对定位 10000 个脉冲后，小车到达 B 点	用电安全
第 7 步	小车到达 B 点	高速脉冲输出接口 Y0、方向控制接口 Y1 断开，电动机停止，小车停止移动	用电安全
第 8 步	2s 后	高速脉冲输出接口 Y0 接通，电动机绝对定位 -6000 个脉冲后，小车到达 A 点	用电安全
第 9 步	小车到达 A 点	高速脉冲输出接口 Y0 断开，电动机停止，小车停止移动	用电安全
第 10 步	2s 后（循环）	高速脉冲输出接口 Y0、方向控制接口 Y1 接通，电动机绝对定位 10000 个脉冲后，小车到达 B 点	用电安全
第 11 步	按下停止按钮 SB2	电动机继续运行	用电安全
第 12 步	当小车回到原点位置，原点位置传感器信号灯亮	电动机停转，小车停止运动	用电安全
第 13 步	将 RUN/STOP 开关拨到"STOP"位置	"RUN"灯灭，STOP 成功	用电安全
第 14 步	断开漏电开关，拔掉插头，PLC 实训板断电		用电安全
第 15 步	整理实训板线路		恢复实训设备

10. 评分标准（项表 25-9）

项表 25-9　项目实施评分标准

项目内容	配分	评分标准	评分依据	得分
职业素养	20 分	遵守规章制度、劳动纪律 按时按质完成工作任务 积极主动承担工作任务，勤学好问 人身安全与设备安全 工作岗位 6S	1）出勤 2）工作态度 3）劳动纪律 4）团队协作精神 5）6S	

（续）

项目内容	配分	评分标准		评分依据	得分
专业能力	60分	掌握编程软件的使用步骤		1）操作的准确性与规范性 2）项目完成情况	
		掌握项目 I/O 分配表的编写方法			
		掌握项目 I/O 接线图的绘制			
		掌握 MB450A 步进驱动器电流设置			
		掌握 MB450A 步进驱动器细分设置			
		掌握 DRVA 绝对定位指令			
		掌握项目实施过程中的 6S 要点			
		掌握项目实施安全规范标准			
		独立完成项目实训			
创新能力	20分	在任务过程中能提出自己的有见解的方案		1）方法可行性 2）建议合理性、创新性 3）题目关联性	
		在教学管理上能提出建议，具有合理性、创新性			
		在项目实施过程中，能根据项目设备设计关联题目，开展编程实训			
定额时间		1.5h，每超过 5min（不足 5min 以 5min 计）		扣 5 分	
备注		除了定额时间，各项目的最高扣分不应超过配分数		成绩	
开始时间			结束时间	实际时间	

11. 项目扩展

某任务用汇川 H1S 系列 PLC 作为控制器，项目工作示意如项图 25-1 所示。小车由步进电动机控制，现在小车停放在原点位置。要求按下启动按钮后，先向 D8140 寄存器传送 1500 个脉冲。延时 1s，步进电动机控制小车左移到 A 点位置停止。1s 后，步进电动机带动小车右移到 B 点位置停止。1s 后，小车再次左移，如此循环。起动后，无论任何时候，按下停止按钮，当小车回到原点位置后，电动机才停止（假设小车从原点位置移动到 A 点或 B 点位置所需要 8888 个脉冲）。请根据控制要求编写 I/O 分配表、I/O 接线图、设置驱动器电流和细分，并编写 PLC 程序。

1）I/O 分配表。

2）I/O 接线图。

3）驱动器设置。

电流设置：

细分设置：

4）PLC 程序。

6.5 伺服篇

项目 26 伺服面板恢复出厂值及伺服点动运行控制实训

【工作情景】

有 1 台禾川 SV-X2E 伺服驱动器，要求驱动器上电后，通过面板操作驱动器参数恢复出厂值；设置驱动控制伺服电动机点动运行的参数并控制电动机点动运行。设定点动运行速率频率为 10Hz。

【工作任务】

伺服面板恢复出厂值及伺服点动运行控制实训。

【完成时间】

此工作任务完成时间为 6 课时，指导性课时安排见项表 26-1。

项表 26-1　指导性课时安排

课　时	内　容	备　注
1~3	引入课题、绘制项目接线图、进行伺服驱动器恢复出厂设置、设置电动机点动运行参数、熟悉参数设置操作、进行项目参数设置练习	
4~6	参数设置实训，进行项目扩展练习	

【任务目标】

有 1 台禾川 SV-X2E 伺服驱动器和 1 台东菱伺服电动机（60DNMA2-0D40DKAM），学习伺服面板恢复出厂值设置及伺服点动运行控制。

【任务要求】

1）绘制驱动器的接线图。

2）制作项目材料清单。

3）以 6S 作业规范来实施项目。

4）完成通电前的线路排查。

5）严格按照第 1 章的安全规范标准实施本项目。

【学习目标】

1）掌握面板操作。

2）掌握驱动器参数恢复出厂设置。

3）掌握驱动器控制电动机点动控制参数设置。

4）掌握项目实施过程中的 6S 要点。

5）掌握项目实施安全规范标准。

【项目实施】

1. 项目实施流程（项图 26-1）

2. 画出项目接线图

本项目的接线图如项图 26-2 所示。

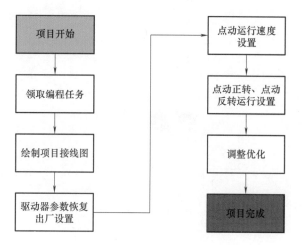

项图 26-1　项目实施流程

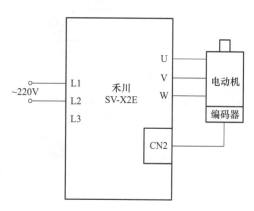

项图 26-2　项目接线图

3. 驱动器参数恢复出厂值（项图 26-3）

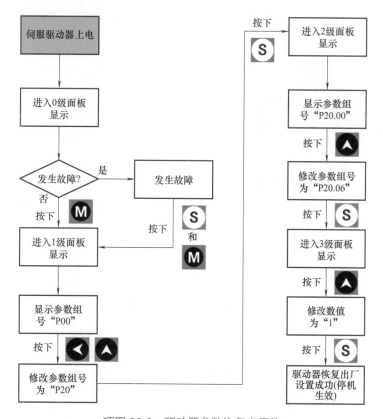

项图 26-3　驱动器参数恢复出厂值

4. 点动运行速度设置（项图 26-4）

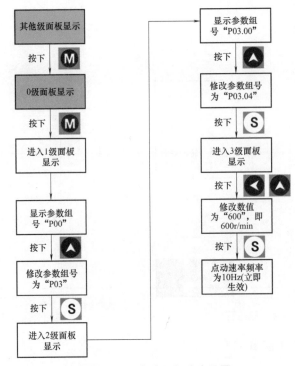

项图 26-4　点动运行速度设置

5. 点动正转、点动反转运行设置（项图 26-5）

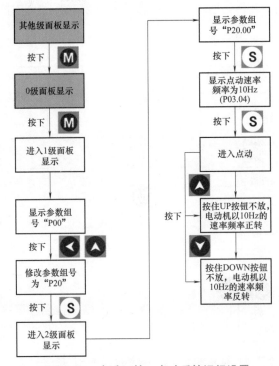

项图 26-5　点动正转、点动反转运行设置

6. 评分标准（项表 26-2）

项表 26-2　项目实施评分标准

项目内容	配分	评分标准	评分依据	得分
职业素养	20分	遵守规章制度、劳动纪律 按时按质完成工作任务 积极主动承担工作任务，勤学好问 人身安全与设备安全 工作岗位 6S	1）出勤 2）工作态度 3）劳动纪律 4）团队协作精神 5）6S	
专业能力	60分	掌握面板操作 掌握伺服驱动器恢复出厂设置 掌握驱动器控制电动机点动控制参数设置 掌握项目实施过程中的 6S 要点 掌握项目实施安全规范标准 独立完成项目实训	1）操作的准确性与规范性 2）项目完成情况	
创新能力	20分	在任务过程中能提出自己的有见解的方案 在教学管理上能提出建议，具有合理性、创新性 在项目实施过程中，能根据项目设备设计关联题目，开展编程实训	1）方法可行性 2）建议合理性、创新性 3）题目关联性	
定额时间	0.5h，每超过 5min（不足 5min 以 5min 计）		扣 5 分	
备注	除了定额时间，各项目的最高扣分不应超过配分数		成绩	
开始时间		结束时间	实际时间	

7. 项目扩展

有 1 台禾川 SV-X2E 伺服驱动器，要求驱动器上电后，面板操作驱动器参数恢复出厂值；设置驱动器控制伺服电动机点动运行的参数并控制电动机点动运行；设定点动运行速率频率为 6Hz。

项目 27　伺服电动机连续正转控制编程实训

【工作情景】

某任务用汇川 H1S 系列 PLC 作为控制器，要求按下启动按钮，伺服电动机连续正转，按下停止按钮，伺服电动机停止（电子齿轮比设置为 2∶1）。

【工作任务】

伺服电动机连续正转控制编程实训。

【完成时间】

此工作任务完成时间为 8 课时，指导性课时安排见项表 27-1。

项表 27-1　指导性课时安排

课　时	内　容	备　注
1~4	引入课题、绘制 I/O 分配表、绘制 I/O 接线图、进行伺服驱动器恢复出厂设置、进行伺服驱动器电子齿轮比设置、熟悉编程操作、进行项目编程练习	
5~8	编程实训，进行项目扩展练习	

【任务目标】

有 1 个禾川 SV-X2E 伺服驱动器，1 台东菱伺服电动机（60DNMA2-0D40DKAM），通过 PLC 编程实现伺服电动机连续正转控制编程实训。

【任务要求】

1）绘制 I/O 分配表与接线图。

2）制作项目材料清单。

3）以 6S 作业规范来实施项目。

4）完成按钮控制的程序编写。

5）完成通电前的线路排查。

6）完成程序认证。

7）严格按照第 1 章的安全规范标准实施本项目。

【学习目标】

1）掌握 I/O 分配表的分配方法。

2）掌握 I/O 接线图的绘制。

3）掌握 PLSY 脉冲输出指令。

4）掌握恢复出厂设置。

5）掌握电子齿轮比设置。

6）掌握项目实施过程中的 6S 要点。

7）掌握项目实施安全规范标准。

【项目实施】

1. 项目实施流程（项图 27-1）

2. 写出 I/O 地址分配

本项目的 I/O 分配见项表 27-2。

3. 画出 PLC 的 I/O 接线图

本项目的 I/O 接线图如项图 27-2 所示。

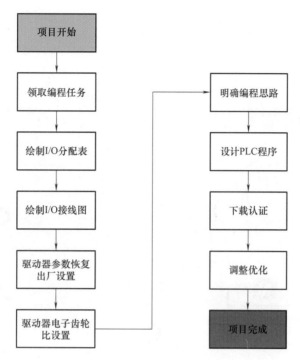

项图 27-1　项目实施流程

项表 27-2　输入 / 输出（I/O）分配

输　　入		输　　出	
功　　能	PLC 地址	功　　能	PLC 地址
启动按钮	X0	伺服脉冲信号	Y0
停止按钮	X1	伺服使能	Y2

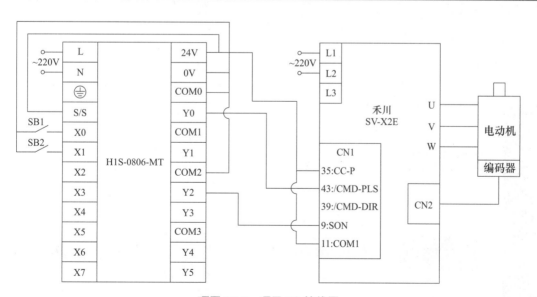

项图 27-2　项目 I/O 接线图

4. 驱动器参数设置

驱动器参数恢复出厂值设置流程如项图 27-3 所示，电子齿轮比设置流程如项图 27-4 所示。

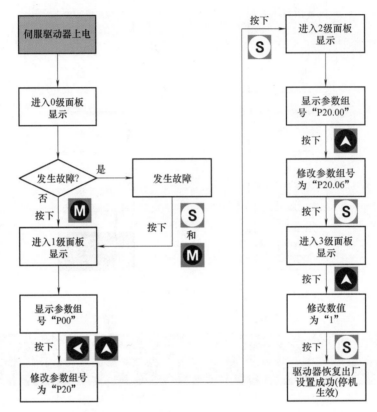

项图 27-3　驱动器参数恢复出厂值设置流程

5. 程序设计

根据 I/O 分配表及项目控制要求分析，画出本项目控制的梯形图。

项目编程思路分析见项表 27-3。

项表 27-3　项目编程思路分析

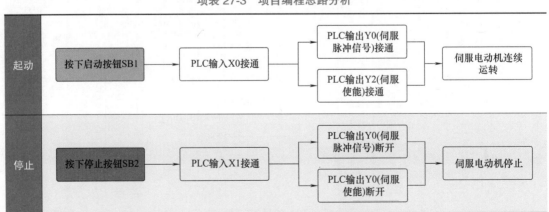

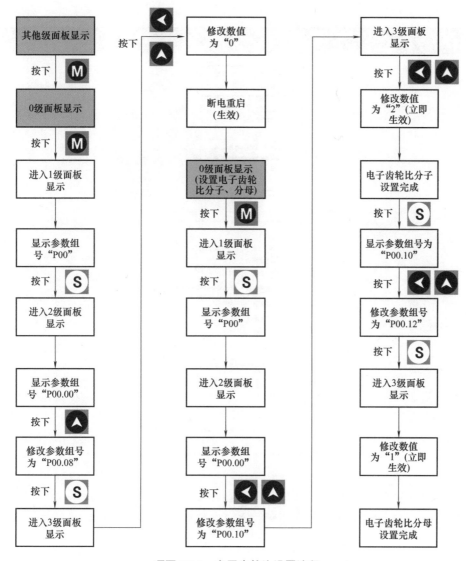

项图 27-4　电子齿轮比设置流程

6. PLC 编程软件使用步骤（项表 27-4，需通电后才可以下载程序）

项表 27-4　PLC 编程软件使用步骤

步　骤	图　示	备　注
第 1 步：新建一个保存工程用的文件夹	汇川程序保存	—
第 2 步：双击打开软件	AutoShop	程序版本不同，图标可能不同

293

（续）

步　　骤	图　　示	备　　注
第 3 步：新建工程	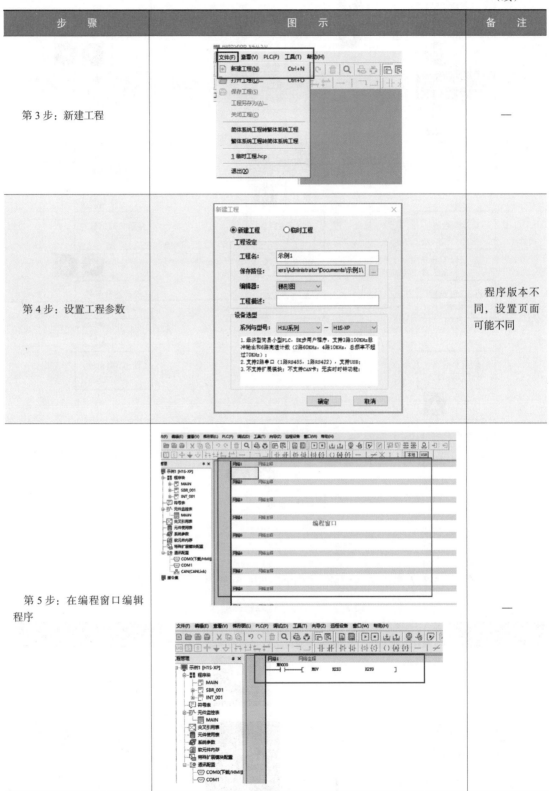	—
第 4 步：设置工程参数		程序版本不同，设置页面可能不同
第 5 步：在编程窗口编辑程序		—

（续）

步　骤	图　示	备　注
第6步：编译程序（Ctrl + F7）。编译完成即自动保存至文件夹（第1步中的文件夹）	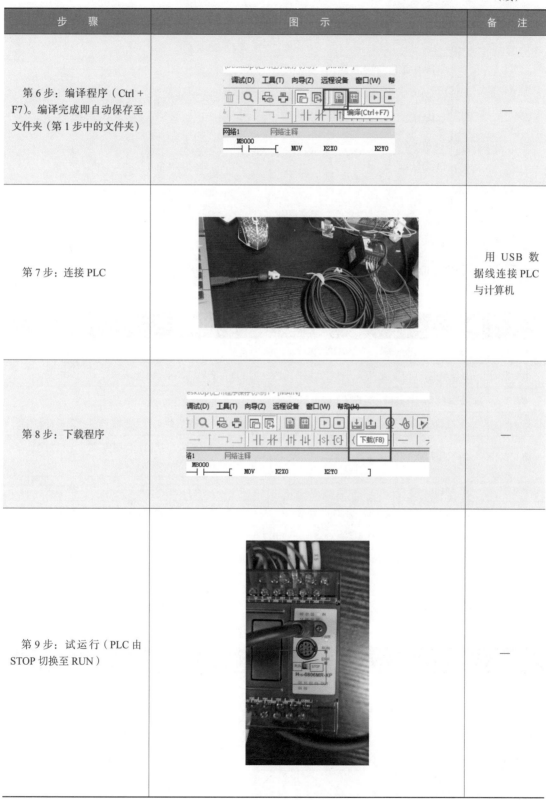	—
第7步：连接PLC		用 USB 数据线连接 PLC 与计算机
第8步：下载程序		—
第9步：试运行（PLC 由 STOP 切换至 RUN）		—

7. 项目程序（项图 27-5）

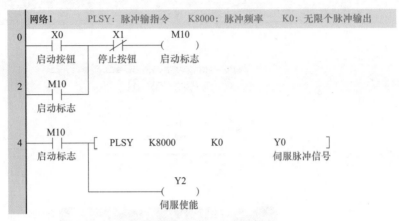

项图 27-5　项目程序

8. PLC 程序调试步骤（项表 27-5）

项表 27-5　PLC 程序调试步骤

操作步骤	操作内容	结果	6S
第 1 步	将 RUN/STOP 开关拨到"STOP"位置		爱护实训设备
第 2 步	插座取电，合上漏电开关，PLC 实训板上电	PLC "PWR"灯亮，上电成功	用电安全
第 3 步	连接 PLC 与计算机，将程序下载至 PLC 内		
第 4 步	将 RUN/STOP 开关拨到"RUN"位置	"RUN"灯亮，模式切换成功	爱护实训设备
第 5 步	按下启动按钮 SB1	伺服脉冲信号 Y0 接通，伺服使能 Y2 接通，伺服电动机连续正转	用电安全
第 6 步	按下停止按钮 SB2	Y0、Y1 断开，伺服电动机停止	用电安全
第 7 步	将 RUN/STOP 开关拨到"STOP"位置	"RUN"灯灭，STOP 成功	用电安全
第 8 步	断开漏电开关，拔掉插头，PLC 实训板断电		用电安全
第 9 步	整理实训板线路		恢复实训设备

9. 评分标准（项表 27-6）

项表 27-6　项目实施评分标准

项目内容	配分	评分标准	评分依据	得分
职业素养	20 分	遵守规章制度、劳动纪律	1）出勤 2）工作态度 3）劳动纪律 4）团队协作精神 5）6S	
		按时按质完成工作任务		
		积极主动承担工作任务，勤学好问		
		人身安全与设备安全		
		工作岗位 6S		

（续）

项目内容	配分	评分标准	评分依据	得分
专业能力	60 分	掌握编程软件的使用步骤	1）操作的准确性与规范性 2）项目完成情况	
		掌握项目 I/O 分配表的编写方法		
		掌握项目 I/O 接线图的绘制		
		掌握伺服驱动器恢复出厂设置		
		掌握伺服驱动器电子齿轮比设置		
		掌握 PLSY 脉冲输出指令		
		掌握项目实施过程中的 6S 要点		
		掌握项目实施安全规范标准		
		独立完成项目实训		
创新能力	20 分	在任务过程中能提出自己的有见解的方案	1）方法可行性 2）建议合理性、创新性 3）题目关联性	
		在教学管理上能提出建议，具有合理性、创新性		
		在项目实施过程中，能根据项目设备设计关联题目，开展编程实训		
定额时间		1h，每超过 5min（不足 5min 以 5min 计）	扣 5 分	
备注		除了定额时间，各项目的最高扣分不应超过配分数	成绩	
开始时间		结束时间	实际时间	

10. 项目扩展

某任务用汇川 H1S 系列 PLC 作为控制器，要求按下启动按钮，伺服电动机连续正转，按下停止按钮，伺服电动机停止；要求脉冲频率设置为 11000。请根据控制要求编写 I/O 分配表、I/O 接线图，并编写 PLC 程序（电子齿轮比设置为 2∶1）。

1）I/O 分配表。

2）I/O 接线图。

3）PLC 程序。

项目 28　伺服电动机正、反转控制编程实训

【工作情景】

某任务用汇川 H1S 系列 PLC 作为控制器，要求按下正转启动按钮，伺服电动机正转；按下反转启动按钮，伺服电动机反转；按下停止按钮，伺服电动机停止转动。电动机正、反转要互锁且能互相切换（电子齿轮比设置为 2∶1）。

【工作任务】

伺服电动机正、反转控制编程实训。

【完成时间】

此工作任务完成时间为 8 课时，指导性课时安排见项表 28-1。

项表 28-1　指导性课时安排

课　时	内　容	备　注
1～4	引入课题、绘制 I/O 分配表、绘制 I/O 接线图、进行伺服驱动器恢复出厂设置、进行伺服驱动器电子齿轮比设置、熟悉编程操作、进行项目编程练习	
5～8	编程实训，进行项目扩展练习	

【任务目标】

有 1 个禾川 SV-X2E 伺服驱动器，1 台东菱伺服电动机（60DNMA2-0D40DKAM），通过 PLC 编程实现伺服电动机正、反转控制编程实训。

【任务要求】

1）绘制 I/O 分配表与接线图。

2）制作项目材料清单。

3）以 6S 作业规范来实施项目。

4）完成按钮控制的程序编写。

5）完成通电前的线路排查。

6）完成程序认证。

7）严格按照第 1 章的安全规范标准实施本项目。

【学习目标】

1）掌握 I/O 分配表的分配方法。

2）掌握 I/O 接线图的绘制。

3）掌握 PLSY 脉冲输出指令。

4）掌握恢复出厂设置。

5）掌握电子齿轮比设置。

6）掌握项目实施过程中的 6S 要点。

7）掌握项目实施安全规范标准。

【项目实施】

1. 项目实施流程（项图 28-1）

2. 写出 I/O 地址分配

本项目的 I/O 分配见项表 28-2。

项表 28-2　输入 / 输出（I/O）分配

输　入		输　出	
功　能	PLC 地址	功　能	PLC 地址
正转启动按钮	X0	伺服脉冲信号	Y0
反转启动按钮	X1	伺服方向信号	Y1
停止按钮	X2	伺服使能	Y2

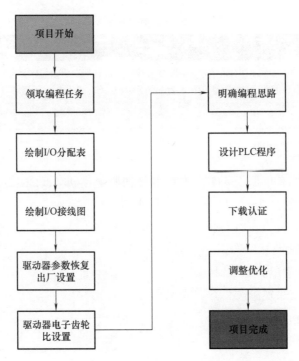

项图 28-1　项目实施流程

3. 画出 PLC 的 I/O 接线图

本项目的 I/O 接线图如项图 28-2 所示。

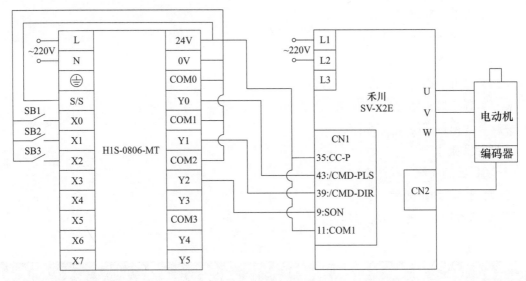

项图 28-2　项目 I/O 接线图

4. 驱动器参数设置

驱动器参数恢复出厂值设置流程如项图 28-3 所示，电子齿轮比设置流程如项图 28-4 所示。

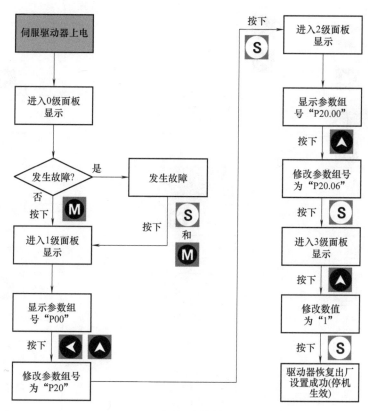

项图 28-3　驱动器参数恢复出厂值设置流程

5. 程序设计

根据 I/O 分配表及项目控制要求分析，画出本项目控制的梯形图。

项目编程思路分析见项表 28-3。

项表 28-3　项目编程思路分析

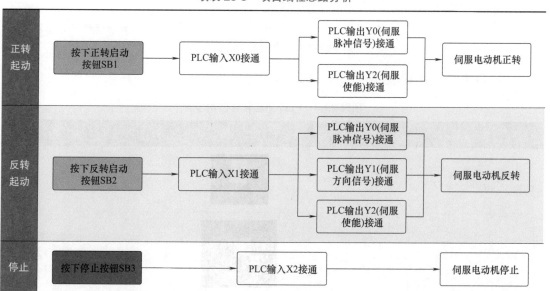

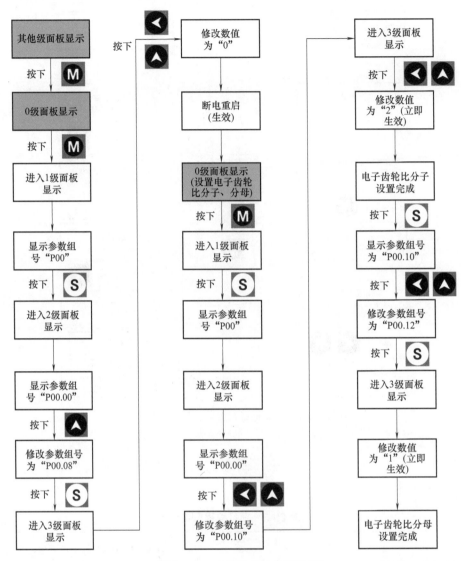

项图 28-4　电子齿轮比设置流程

6. PLC 编程软件使用步骤（项表 28-4，需通电后才可以下载程序）

项表 28-4　PLC 编程软件使用步骤

步　骤	图　示	备　注
第 1 步：新建一个保存工程用的文件夹	汇川程序保存	—
第 2 步：双击打开软件	AutoShop	程序版本不同，图标可能不同

（续）

步 骤	图 示	备 注
第 3 步：新建工程	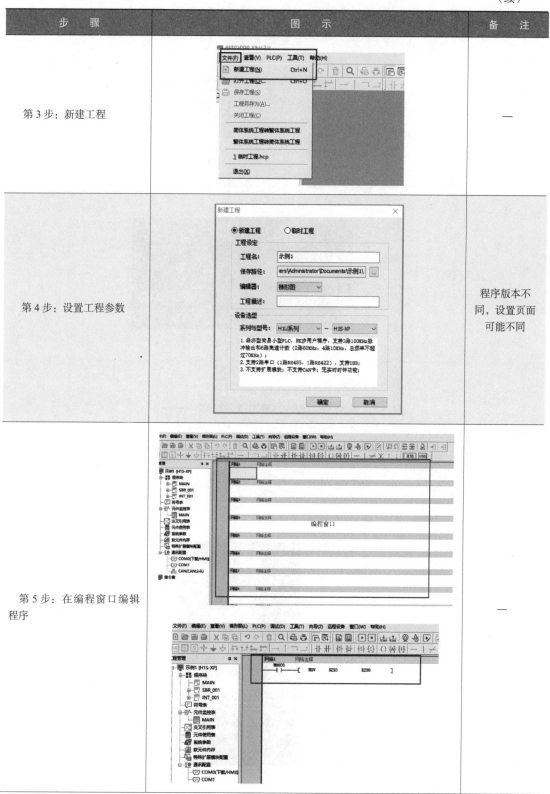	—
第 4 步：设置工程参数		程序版本不同，设置页面可能不同
第 5 步：在编程窗口编辑程序		—

（续）

步　骤	图　示	备　注
第6步：编译程序（Ctrl＋F7）。编译完成即自动保存至文件夹（第1步中的文件夹）	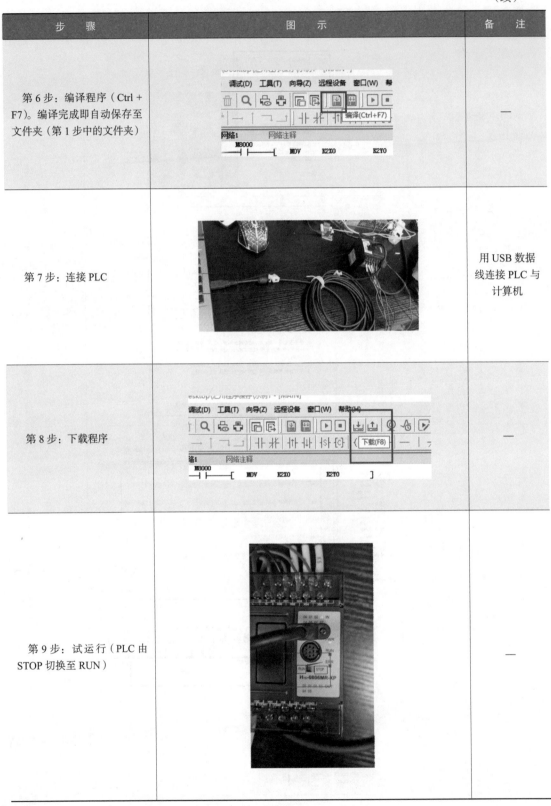	—
第7步：连接PLC		用USB数据线连接PLC与计算机
第8步：下载程序		—
第9步：试运行（PLC由STOP切换至RUN）		—

7. 项目程序（项图 28-5）

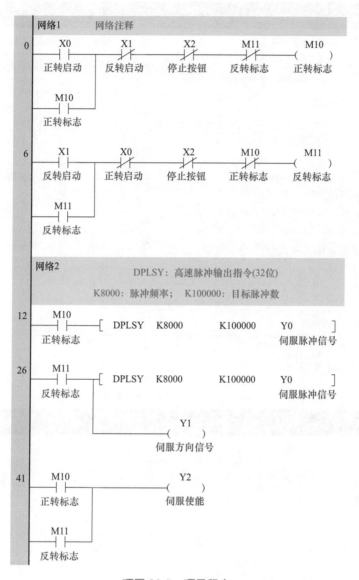

项图 28-5　项目程序

8. PLC 程序调试步骤（项表 28-5）

项表 28-5　PLC 程序调试步骤

操作步骤	操 作 内 容	结　　果	6S
第 1 步	将 RUN/STOP 开关拨到 "STOP" 位置		爱护实训设备
第 2 步	插座取电，合上漏电开关，PLC 实训板上电	PLC "PWR" 灯亮，上电成功	用电安全
第 3 步	连接 PLC 与计算机，将程序下载至 PLC 内		
第 4 步	将 RUN/STOP 开关拨到 "RUN" 位置	"RUN" 灯亮，模式切换成功	爱护实训设备

（续）

操作步骤	操作内容	结　果	6S
第 5 步	按下正转启动按钮 SB1	Y0、Y2 接通，伺服电动机正转	用电安全
第 6 步	按下停止按钮 SB3	Y0、Y2 断开，伺服电动机停止	用电安全
第 7 步	按下反转启动按钮 SB2	Y0、Y1、Y2 接通，伺服电动机反转	用电安全
第 8 步	按下停止按钮 SB3	Y0、Y1、Y2 断开，伺服电动机停止	用电安全
第 9 步	按下正转启动按钮 SB1	Y0、Y2 接通，伺服电动机正转	用电安全
第 10 步	电动机正转时，按下反转启动按钮 SB2	Y0、Y1、Y2 接通，伺服电动机反转	用电安全
第 11 步	电动机反转时，按下正转启动按钮 SB1	Y0、Y2 接通，伺服电动机正转	用电安全
第 12 步	将 RUN/STOP 开关拨到 "STOP" 位置	"RUN" 灯灭，STOP 成功	用电安全
第 13 步	断开漏电开关，拔掉插头，PLC 实训板断电		用电安全
第 14 步	整理实训板线路		恢复实训设备

9. 评分标准（项表 28-6）

项表 28-6　项目实施评分标准

项目内容	配分	评分标准	评分依据	得分
职业素养	20 分	遵守规章制度、劳动纪律	1）出勤 2）工作态度 3）劳动纪律 4）团队协作精神 5）6S	
		按时按质完成工作任务		
		积极主动承担工作任务，勤学好问		
		人身安全与设备安全		
		工作岗位 6S		
专业能力	60 分	掌握编程软件的使用步骤	1）操作的准确性与规范性 2）项目完成情况	
		掌握项目 I/O 分配表的编写方法		
		掌握项目 I/O 接线图的绘制		
		掌握伺服驱动器恢复出厂设置		
		掌握伺服驱动器电子齿轮比设置		
		掌握 PLSY 脉冲输出指令		
		掌握项目实施过程中的 6S 要点		
		掌握项目实施安全规范标准		
		独立完成项目实训		

（续）

项目内容	配分	评 分 标 准		评 分 依 据	得分
创新能力	20分	在任务过程中能提出自己的有见解的方案		1）方法可行性 2）建议合理性、创新性 3）题目关联性	
		在教学管理上能提出建议，具有合理性、创新性			
		在项目实施过程中，能根据项目设备设计关联题目，开展编程实训			
定额时间		1h，每超过5min（不足5min以5min计）		扣5分	
备注		除了定额时间，各项目的最高扣分不应超过配分数		成绩	
开始时间			结束时间	实际时间	

10. 项目扩展

某任务用汇川 H1S 系列 PLC 作为控制器，要求按下正转启动按钮，伺服电动机正转；按下反转启动按钮，伺服电动机反转；按下停止按钮，伺服电动机停止。电动机正、反转要互锁且能互相切换。要求脉冲频率设置为 9000，目标脉冲数设置为 110000。请根据控制要求编写 I/O 分配表、I/O 接线图，并编写 PLC 程序（电子齿轮比设置为 2∶1）。

1）I/O 分配表。

2）I/O 接线图。

3）PLC 程序。

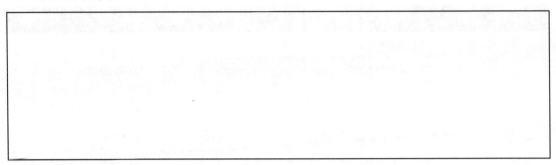

项目 29　伺服电动机带加、减速的正、反转控制编程实训

【工作情景】

某任务用汇川 H1S 系列 PLC 作为控制器，要求按下正转启动按钮，伺服电动机正转；按下反转启动按钮，伺服电动机反转；按下停止按钮，伺服电动机停止转动。电动机正、反转要互锁且能互相切换。设定加、减速时间为 2.3s（电子齿轮比设置为 2∶1）。

【工作任务】

伺服电动机带加、减速的正、反转控制编程实训。

【完成时间】

此工作任务完成时间为 8 课时，指导性课时安排见项表 29-1。

项表 29-1　指导性课时安排

课　时	内　　　容	备　注
1～4	引入课题、绘制 I/O 分配表、绘制 I/O 接线图、进行伺服驱动器恢复出厂设置、进行伺服驱动器电子齿轮比设置、熟悉编程操作、进行项目编程练习	
5～8	编程实训，进行项目扩展练习	

【任务目标】

有 1 个禾川 SV-X2E 伺服驱动器，1 台东菱伺服电动机（60DNMA2-0D40DKAM），通过 PLC 编程实现伺服电动机带加、减速的正、反转控制编程实训。

【任务要求】

1）绘制 I/O 分配表与接线图。

2）制作项目材料清单。

3）以 6S 作业规范来实施项目。

4）完成按钮控制的程序编写。

5）完成通电前的线路排查。

6）完成程序认证。

7）严格按照第 1 章的安全规范标准实施本项目。

【学习目标】

1）掌握 I/O 分配表的分配方法。

2）掌握 I/O 接线图的绘制。

3）掌握 PLSR 带加、减速的脉冲输出指令。

4）掌握恢复出厂设置。

5）掌握电子齿轮比设置。

6）掌握项目实施过程中的 6S 要点。

7）掌握项目实施安全规范标准。

【项目实施】

1. 项目实施流程（项图 29-1）

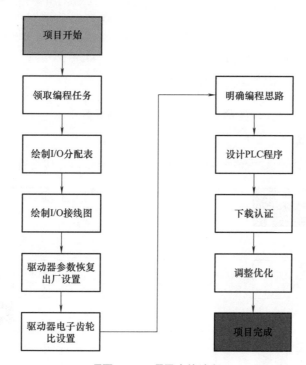

项图 29-1 项目实施流程

2. 写出 I/O 地址分配

本项目的 I/O 分配见项表 29-2。

项表 29-2 输入 / 输出（I/O）分配

输 入		输 出	
功 能	PLC 地址	功 能	PLC 地址
正转启动按钮	X0	伺服脉冲信号	Y0
反转启动按钮	X1	伺服方向信号	Y1
停止按钮	X2	伺服使能	Y2

3. 画出 PLC 的 I/O 接线图

本项目的 I/O 接线图如项图 29-2 所示。

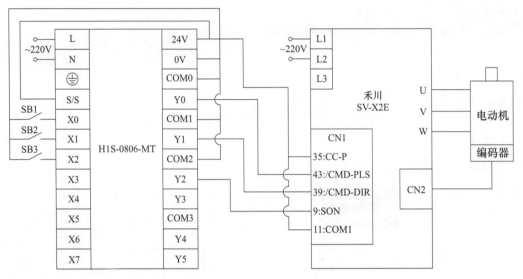

项图 29-2　项目的 I/O 接线图

4. 驱动器参数设置

驱动器参数恢复出厂值设置流程如项图 29-3 所示，电子齿轮比设置流程如项图 29-4 所示。

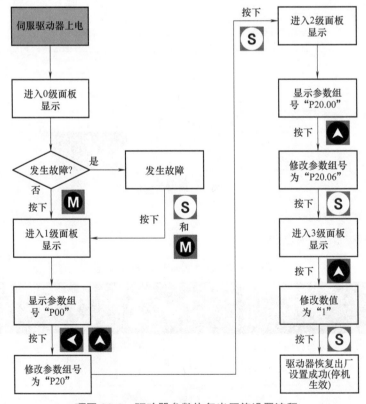

项图 29-3　驱动器参数恢复出厂值设置流程

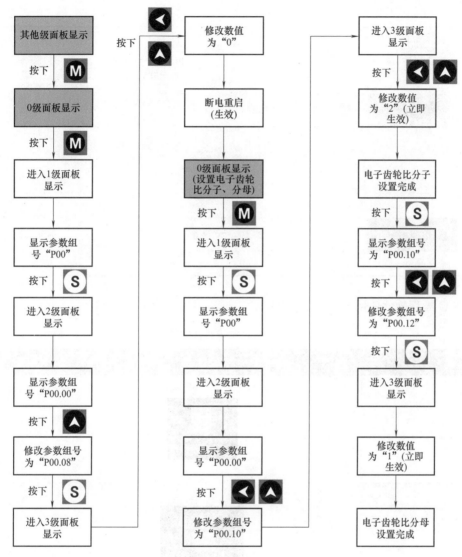

项图 29-4 电子齿轮比设置流程

5. 程序设计

根据 I/O 分配表及项目控制要求分析，画出本项目控制的梯形图。

项目编程思路分析见项表 29-3。

项表 29-3 项目编程思路分析

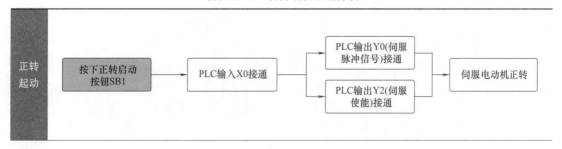

（续）

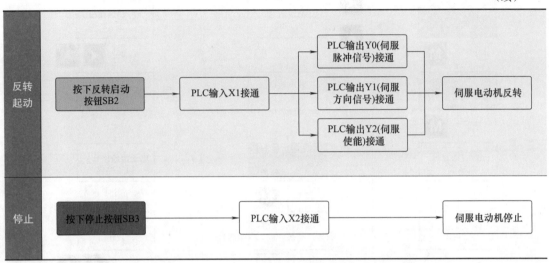

6. PLC 编程软件使用步骤（项表 29-4，需通电后才可以下载程序）

项表 29-4　PLC 编程软件使用步骤

序　号	图　示	备　注
第 1 步：新建一个保存工程用的文件夹	汇川程序保存	—
第 2 步：双击打开软件	AUTO AutoShop	程序版本不同，图标可能不同
第 3 步：新建工程	文件(F) 查看(V) PLC(P) 工具(T) 帮助(H) 新建工程(N)　Ctrl+N 打开工程(O)...　Ctrl+O 保存工程(S) 工程另存为(A)... 关闭工程(C) 简体系统工程转繁体系统工程 繁体系统工程转简体系统工程 1 临时工程.hcp 退出(X)	—

（续）

序　号	图　示	备　注
第 4 步：设置工程参数	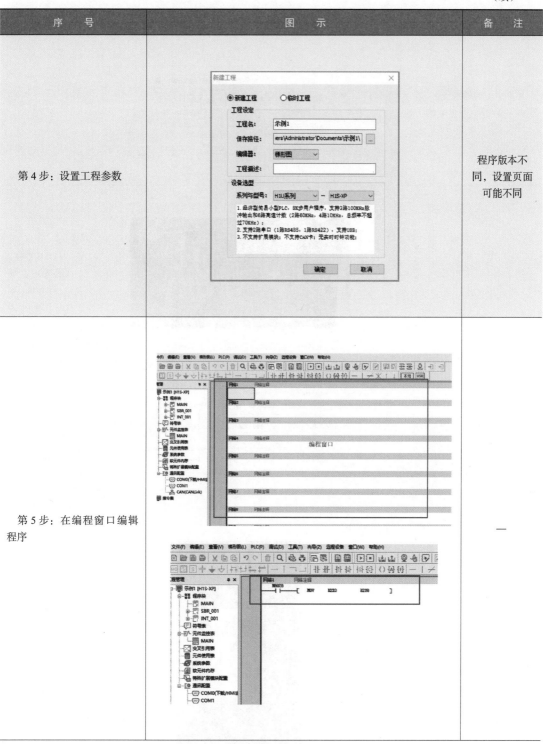	程序版本不同，设置页面可能不同
第 5 步：在编程窗口编辑程序		—

（续）

序　号	图　示	备　注
第 6 步：编译程序（Ctrl + F7）。编译完成即自动保存至文件夹（第 1 步中的文件夹）	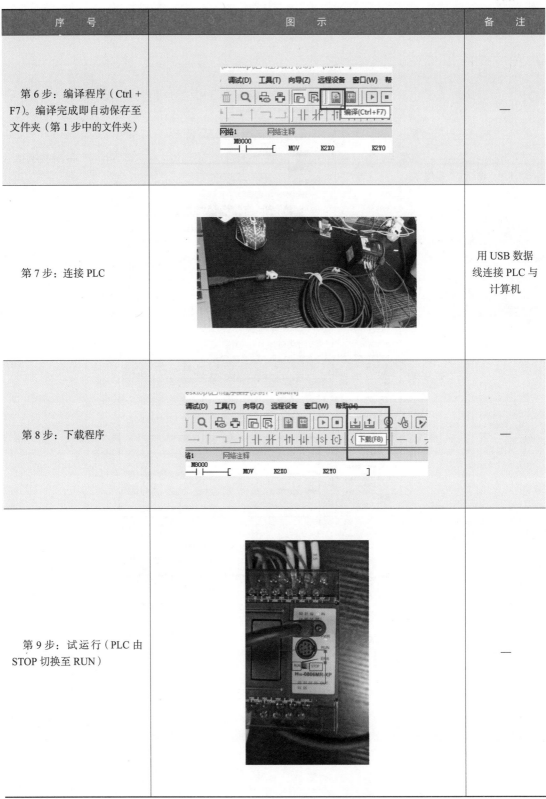	—
第 7 步：连接 PLC		用 USB 数据线连接 PLC 与计算机
第 8 步：下载程序		—
第 9 步：试运行（PLC 由 STOP 切换至 RUN）		—

7. 项目程序（项图 29-5）

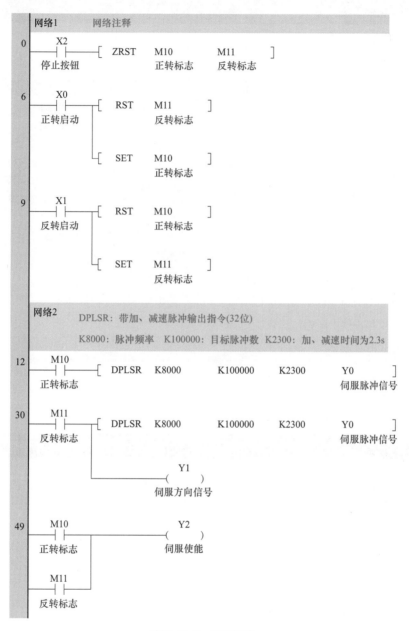

项图 29-5 项目程序

8. PLC 程序调试步骤（项表 29-5）

项表 29-5 PLC 程序调试步骤

操作步骤	操作内容	结果	6S
第 1 步	将 RUN/STOP 开关拨到 "STOP" 位置		爱护实训设备
第 2 步	插座取电，合上漏电开关，PLC 实训板上电	PLC "PWR" 灯亮，上电成功	用电安全

（续）

操作步骤	操作内容	结　果	6S
第3步	连接PLC与计算机，将程序下载至PLC内		
第4步	将RUN/STOP开关拨到"RUN"位置	"RUN"灯亮，模式切换成功	爱护实训设备
第5步	按下正转启动按钮SB1	Y0、Y2接通，伺服电动机正转	用电安全
第6步	按下停止按钮SB3	Y0、Y2断开，伺服电动机停止	用电安全
第7步	按下反转启动按钮SB2	Y0、Y1、Y2接通，伺服电动机反转	用电安全
第8步	按下停止按钮SB3	Y0、Y1、Y2断开，伺服电动机停止	用电安全
第9步	按下正转启动按钮SB1	Y0、Y2接通，伺服电动机正转	用电安全
第10步	电动机正转时，按下反转启动按钮SB2	Y0、Y1、Y2接通，伺服电动机反转	用电安全
第11步	电动机反转时，按下正转启动按钮SB1	Y0、Y2接通，伺服电动机正转	用电安全
第12步	将RUN/STOP开关拨到"STOP"位置	"RUN"灯灭，STOP成功	用电安全
第13步	断开漏电开关，拔掉插头，PLC实训板断电		用电安全
第14步	整理实训板线路		恢复实训设备

9. 评分标准（项表29-6）

项表29-6　项目实施评分标准

项目内容	配分	评分标准	评分依据	得分
职业素养	20分	遵守规章制度、劳动纪律	1）出勤 2）工作态度 3）劳动纪律 4）团队协作精神 5）6S	
		按时按质完成工作任务		
		积极主动承担工作任务，勤学好问		
		人身安全与设备安全		
		工作岗位6S		
专业能力	60分	掌握编程软件的使用步骤	1）操作的准确性与规范性 2）项目完成情况	
		掌握项目I/O分配表的编写方法		
		掌握项目I/O接线图的绘制		
		掌握伺服驱动器恢复出厂设置		
		掌握伺服驱动器电子齿轮比设置		
		掌握PLSR带加、减速脉冲输出指令		
		掌握项目实施过程中的6S要点		
		掌握项目实施安全规范标准		
		独立完成项目实训		

（续）

项目内容	配分	评分标准	评分依据	得分
创新能力	20分	在任务过程中能提出自己的有见解的方案	1）方法可行性 2）建议合理性、创新性 3）题目关联性	
		在教学管理上能提出建议，具有合理性、创新性		
		在项目实施过程中，能根据项目设备设计关联题目，开展编程实训		
定额时间	1h，每超过5min（不足5min以5min计）		扣5分	
备注	除了定额时间，各项目的最高扣分不应超过配分数		成绩	
开始时间		结束时间	实际时间	

10. 项目扩展

某任务用汇川H1S系列PLC作为控制器，要求按下正转启动按钮，伺服电动机正转；按下反转启动按钮，伺服电动机反转；按下停止按钮，伺服电动机停止。电动机正、反转要互锁且能互相切换。设定加、减速时间为3s。要求脉冲频率设置为8500，目标脉冲数设置为100000。请根据控制要求编写I/O分配表、I/O接线图，并编写PLC程序（电子齿轮比设置为2：1）。

1）I/O分配表。

2）I/O接线图。

3）PLC 程序。

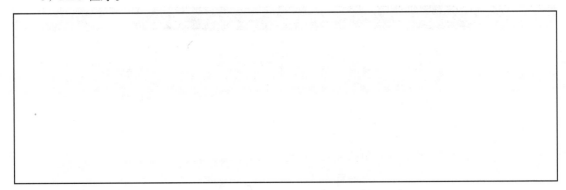

项目 30　伺服电动机变速控制的自动往返编程实训

【工作情景】

某任务用汇川 H1S 系列 PLC 作为控制器，项目工作示意如项图 30-1 所示。工作台由伺服电动机控制，要求按下启动按钮后，工作台先右移，碰到右限位开关后停止。1s 后，工作台左移，碰到左限位开关后停止，停止 1s 后，工作台右移。如此，工作台自动往返运动。无论任何时候，当按下停止按钮后，工作台都停止运动（电子齿轮比设置为 3∶1）。

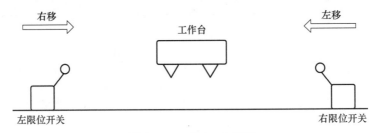

项图 30-1　项目工作示意

【工作任务】

伺服电动机变速控制的自动往返编程实训。

【完成时间】

此工作任务完成时间为 10 课时，指导性课时安排见项表 30-1。

项表 30-1　指导性课时安排

课　时	内　容	备　注
1～5	引入课题、绘制 I/O 分配表、绘制 I/O 接线图、进行伺服驱动器恢复出厂设置、进行伺服驱动器电子齿轮比设置、熟悉编程操作、进行项目编程练习	
6～10	编程实训，进行项目扩展练习	

【任务目标】

有 1 个禾川 SV-X2E 伺服驱动器，1 台东菱伺服电动机（60DNMA2-0D40DKAM），通过 PLC 编程实现伺服电动机变速控制的自动往返编程实训。

【任务要求】

1）绘制 I/O 分配表与接线图。

2）制作项目材料清单。

3）以 6S 作业规范来实施项目。

4）完成按钮控制的程序编写。

5）完成通电前的线路排查。

6）完成程序认证。

7）严格按照第 1 章的安全规范标准实施本项目。

【学习目标】

1）掌握 I/O 分配表的分配方法。

2）掌握 I/O 接线图的绘制。

3）掌握 PLSV 可变速脉冲输出指令。

4）掌握恢复出厂设置。

5）掌握电子齿轮比设置。

6）掌握项目实施过程中的 6S 要点。

7）掌握项目实施安全规范标准。

【项目实施】

1. 项目实施流程（项图 30-2）

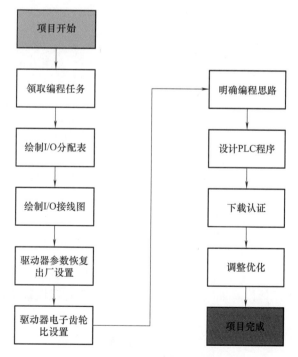

项图 30-2　项目实施流程

2. 写出 I/O 地址分配

本项目的 I/O 分配见项表 30-2。

项表 30-2 输入 / 输出（I/O）分配

输　　入		输　　出	
功　　能	PLC 地址	功　　能	PLC 地址
启动按钮	X0	伺服脉冲信号	Y0
停止按钮	X1	伺服方向信号	Y1
左限位开关	X2	伺服使能	Y2
右限位开关	X3	—	—

3. 画出 PLC 的 I/O 接线图

本项目的 I/O 接线图如项图 30-3 所示。

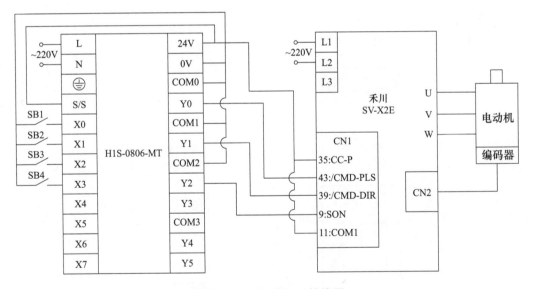

项图 30-3 项目的 I/O 接线图

4. 驱动器参数设置

驱动器参数恢复出厂值设置如项图 30-4 所示，电子齿轮比设置流程如项图 30-5 所示。

5. 程序设计

根据 I/O 分配表及项目控制要求分析，画出本项目控制的梯形图。

项目编程思路分析见项表 30-3。

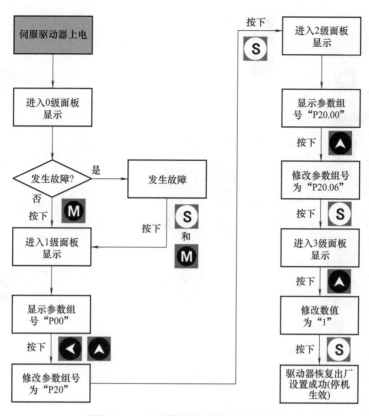

项图 30-4 驱动器参数恢复出厂值设置

项表 30-3 项目编程思路分析

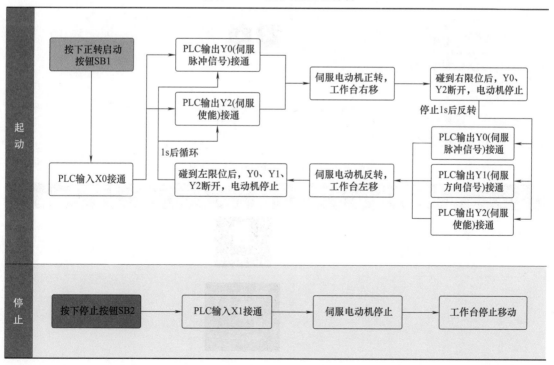

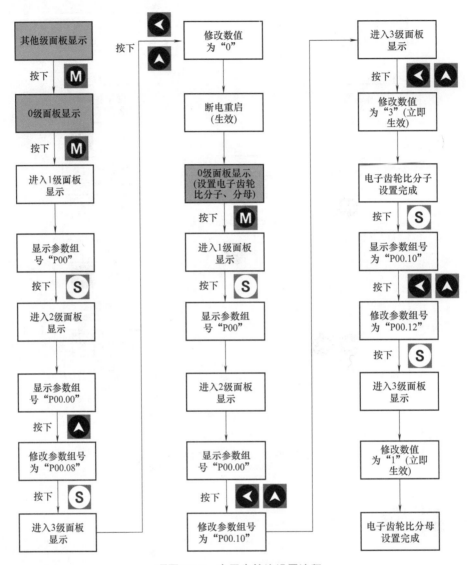

项图 30-5　电子齿轮比设置流程

6. PLC 编程软件使用步骤（项表 30-4，需通电后才可以下载程序）

项表 30-4　PLC 编程软件使用步骤

步　骤	图　示	备　注
第 1 步：新建一个保存工程用的文件夹	汇川程序保存	—
第 2 步：双击打开软件	AUTO AutoShop	程序版本不同，图标可能不同

（续）

步　骤	图　示	备　注
第 3 步：新建工程		—
第 4 步：设置工程参数		程序版本不同，设置页面可能不同
第 5 步：在编程窗口编辑程序		—

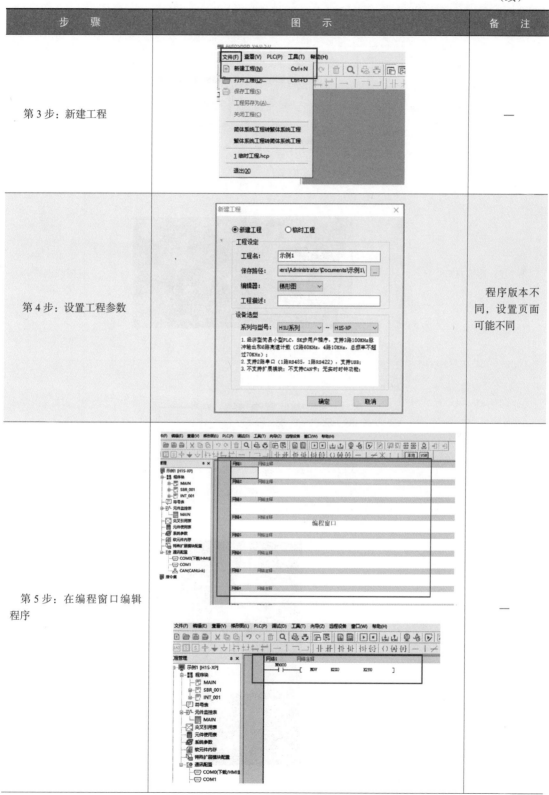

（续）

步　骤	图　示	备　注
第6步：编译程序（Ctrl + F7）。编译完成即自动保存至文件夹（第1步中的文件夹）	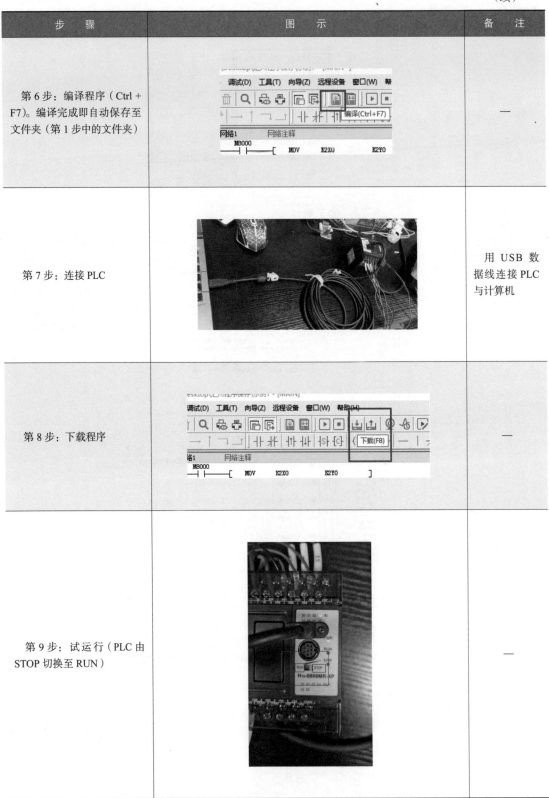	—
第7步：连接PLC		用USB数据线连接PLC与计算机
第8步：下载程序		—
第9步：试运行（PLC由STOP切换至RUN）		—

7. 项目程序（项图30-6）

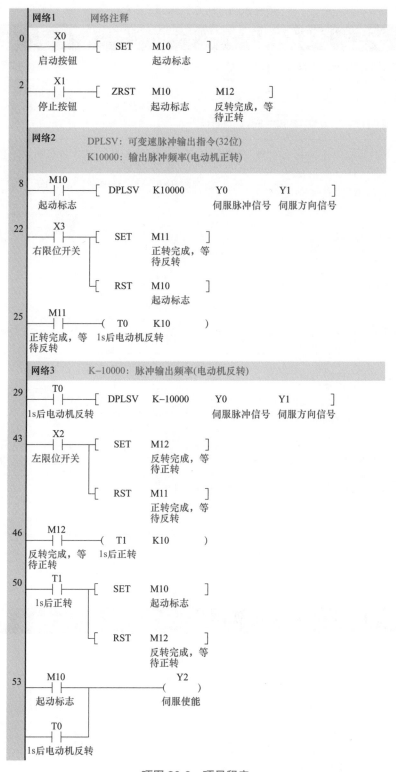

项图 30-6　项目程序

8. PLC 程序调试步骤（项表 30-5）

项表 30-5　PLC 程序调试步骤

操作步骤	操作内容	结　果	6S
第 1 步	将 RUN/STOP 开关拨到"STOP"位置		爱护实训设备
第 2 步	插座取电，合上漏电开关，PLC 实训板上电	PLC "PWR"灯亮，上电成功	用电安全
第 3 步	连接 PLC 与计算机，将程序下载至 PLC 内		
第 4 步	将 RUN/STOP 开关拨到"RUN"位置	"RUN"灯亮，模式切换成功	爱护实训设备
第 5 步	按下正转启动按钮 SB1	Y0、Y1、Y2 接通，电动机正转，工作台右移	用电安全
第 6 步	碰到右限位开关	Y0、Y1、Y2 断开，电动机停止，工作台停止	用电安全
第 7 步	1s 后起动反转	Y0、Y2 接通，电动机反转，工作台左移	用电安全
第 8 步	碰到左限位开关	Y0、Y2 断开，电动机停止，工作台停止	用电安全
第 9 步	1s 后起动正转（自动往返）	Y0、Y1、Y2 接通，电动机正转，工作台右移	用电安全
第 10 步	按下停止按钮 SB2	Y0、Y1、Y2 断开，电动机停止，工作台停止	用电安全
第 11 步	将 RUN/STOP 开关拨到"STOP"位置	"RUN"灯灭，STOP 成功	用电安全
第 12 步	断开漏电开关，拔掉插头，PLC 实训板断电		用电安全
第 13 步	整理实训板线路		恢复实训设备

9. 评分标准（项表 30-6）

项表 30-6　项目实施评分标准

项目内容	配分	评分标准	评分依据	得分
职业素养	20 分	遵守规章制度、劳动纪律	1）出勤 2）工作态度 3）劳动纪律 4）团队协作精神 5）6S	
		按时按质完成工作任务		
		积极主动承担工作任务，勤学好问		
		人身安全与设备安全		
		工作岗位 6S		

（续）

项目内容	配分	评分标准		评分依据	得分
专业能力	60 分	掌握编程软件的使用步骤		1) 操作的准确性与规范性 2) 项目完成情况	
		掌握项目 I/O 分配表的编写方法			
		掌握项目 I/O 接线图的绘制			
		掌握伺服驱动器恢复出厂设置			
		掌握伺服驱动器电子齿轮比设置			
		掌握 PLSV 可变速脉冲输出指令			
		掌握项目实施过程中的 6S 要点			
		掌握项目实施安全规范标准			
		独立完成项目实训			
创新能力	20 分	在任务过程中能提出自己的有见解的方案		1) 方法可行性 2) 建议合理性、创新性 3) 题目关联性	
		在教学管理上能提出建议，具有合理性、创新性			
		在项目实施过程中，能根据项目设备设计关联题目，开展编程实训			
定额时间	1h，每超过 5min（不足 5min 以 5min 计）			扣 5 分	
备注	除了定额时间，各项目的最高扣分不应超过配分数			成绩	
开始时间		结束时间		实际时间	

10. 项目扩展

某任务用汇川 H1S 系列 PLC 作为控制器，如项图 30-1 所示。工作台由伺服电动机控制，要求按下启动按钮后，工作台先右移，碰到右限位开关后停止。2s 后，工作台左移，碰到左限位开关后停止，停止 2s 后，工作台右移。如此，工作台自动往返运动，循环 5 遍后自动停止。无论任何时候，当按下停止按钮后，工作台都停止运动。要求脉冲频率设置为 10000。请根据控制要求编写 I/O 分配表、I/O 接线图，并编写 PLC 程序（电子齿轮比设置为 3∶1）。

1) I/O 分配表。

2）I/O 接线图。

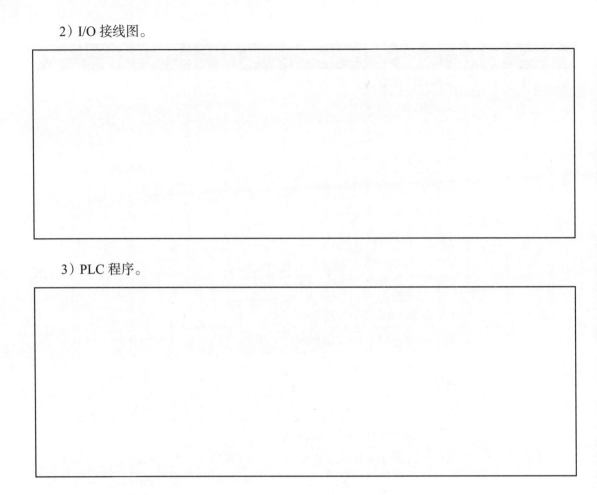

3）PLC 程序。

项目 31　伺服电动机相对位置定位控制编程实训

【工作情景】

某任务用汇川 H1S 系列 PLC 作为控制器，项目工作示意如项图 31-1 所示。小车由伺服电动机控制，现在小车停放在原点位置。要求按下启动按钮后，伺服电动机正转，小车右移到 A 点，停止 2s，然后电动机反转，小车左移到原点位置，停止 2s，然后再进入正转，如此循环。起动后，无论任何时候，当按下停止按钮后，电动机都能停止，小车停止运动（假设小车从原点位置移动到 A 点位置所需要 80000 个脉冲，电子齿轮比设置为 3∶1）。

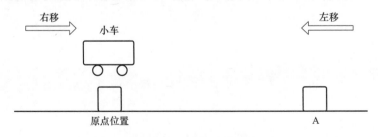

项图 31-1　项目工作示意

【工作任务】

伺服电动机相对位置定位控制编程实训。

【完成时间】

此工作任务完成时间为 12 课时，指导性课时安排见项表 31-1。

项表 31-1　指导性课时安排

课　　时	内　　容	备　　注
1～6	引入课题、绘制 I/O 分配表、绘制 I/O 接线图、进行伺服驱动器恢复出厂设置、进行伺服驱动器电子齿轮比设置、熟悉编程操作、进行项目编程练习	
7～12	编程实训，进行项目扩展练习	

【任务目标】

有 1 个禾川 SV-X2E 伺服驱动器，1 台东菱伺服电动机（60DNMA2-0D40DKAM），通过 PLC 编程实现伺服电动机相对位置定位控制编程实训。

【任务要求】

1）绘制 I/O 分配表与接线图。

2）制作项目材料清单。

3）以 6S 作业规范来实施项目。

4）完成按钮控制的程序编写。

5）完成通电前的线路排查。

6）完成程序认证。

7）严格按照第 1 章的安全规范标准实施本项目。

【学习目标】

1）掌握 I/O 分配表的分配方法。

2）掌握 I/O 接线图的绘制。

3）掌握 DRVI 相对定位指令。

4）掌握恢复出厂设置。

5）掌握电子齿轮比设置。

6）掌握项目实施过程中的 6S 要点。

7）掌握项目实施安全规范标准。

【项目实施】

1. 项目实施流程（项图 31-2）

2. 写出 I/O 地址分配

本项目的 I/O 分配见项表 31-2。

3. 画出 PLC 的 I/O 接线图

本项目的 I/O 接线图如项图 31-3 所示。

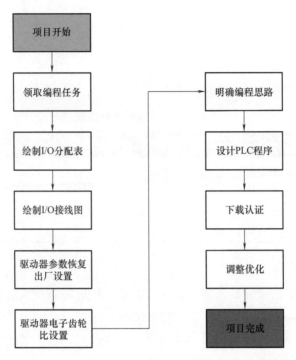

项图 31-2　项目实施流程

项表 31-2　输入 / 输出（I/O）分配

输 入		输 出	
功　能	PLC 地址	功　能	PLC 地址
启动按钮	X0	伺服脉冲信号	Y0
停止按钮	X1	伺服方向信号	Y1
—	—	伺服使能	Y2

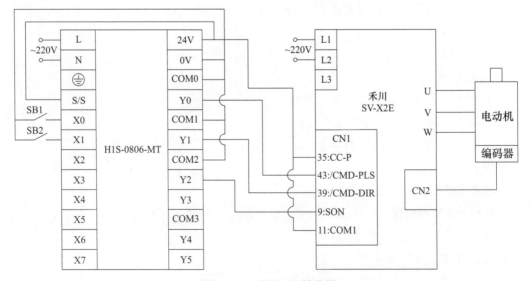

项图 31-3　项目 I/O 接线图

4.驱动器参数设置

驱动器参数恢复出厂值设置流程如项图 31-4 所示，电子齿轮比设置流程如项图 31-5 所示。

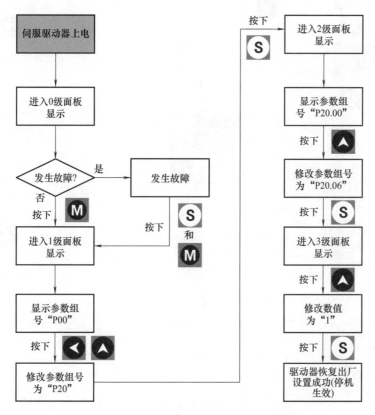

项图 31-4 驱动器参数恢复出厂值设置流程

5. 程序设计

根据 I/O 分配表及项目控制要求分析，画出本项目控制的梯形图。

项目编程思路分析见项表 31-3。

项表 31-3 项目编程思路分析

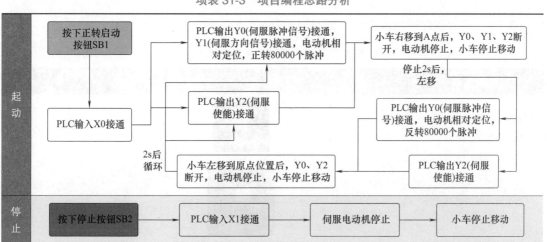

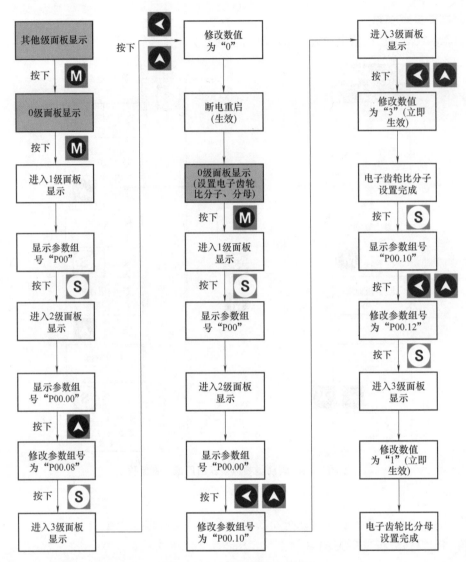

项图 31-5　电子齿轮比设置流程

6. PLC 编程软件使用步骤（项表 31-4，需通电后才可以下载程序）

项表 31-4　PLC 编程软件使用步骤

步　骤	图　示	备　注
第 1 步：新建一个保存工程用的文件夹	汇川程序保存	—
第 2 步：双击打开软件	AutoShop	程序版本不同，图标可能不同

（续）

步　骤	图　示	备　注
第3步：新建工程	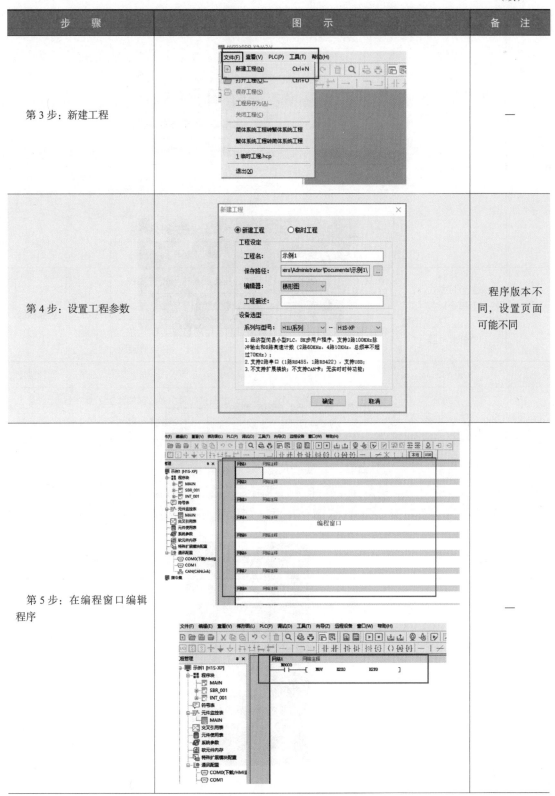	—
第4步：设置工程参数		程序版本不同，设置页面可能不同
第5步：在编程窗口编辑程序		—

（续）

步　骤	图　示	备　注
第6步：编译程序（Ctrl + F7）。编译完成即自动保存至文件夹（第1步中的文件夹）	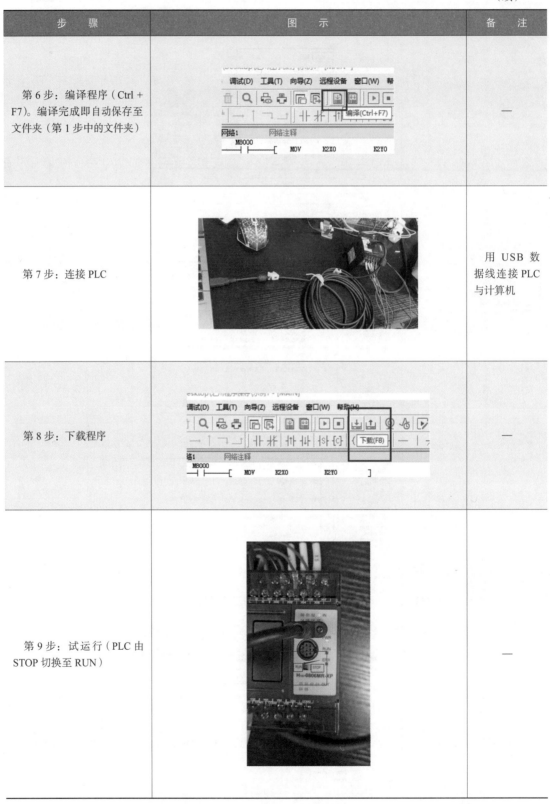	—
第7步：连接PLC		用USB数据线连接PLC与计算机
第8步：下载程序		—
第9步：试运行（PLC由STOP切换至RUN）		—

7. 项目程序（项图31-6）

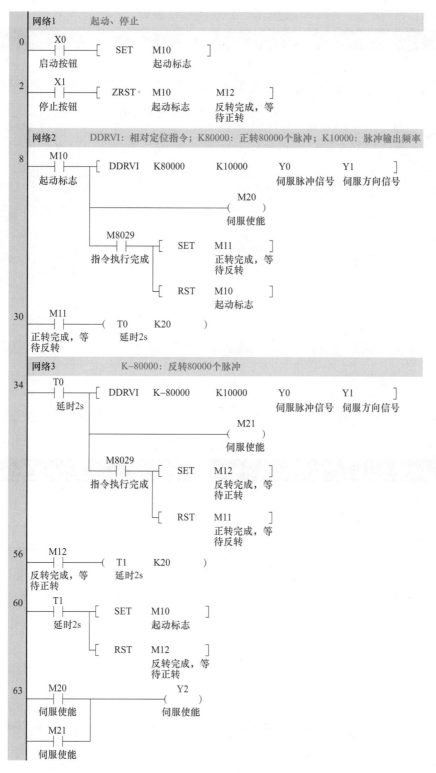

项图31-6 项目程序

8. PLC 程序调试步骤（项表 31-5）

项表 31-5　PLC 程序调试步骤

操作步骤	操作内容	结果	6S
第 1 步	将 RUN/STOP 开关拨到"STOP"位置		爱护实训设备
第 2 步	插座取电，合上漏电开关，PLC 实训板上电	PLC"PWR"灯亮，上电成功	用电安全
第 3 步	连接 PLC 与计算机，将程序下载至 PLC 内		
第 4 步	将 RUN/STOP 开关拨到"RUN"位置	"RUN"灯亮，模式切换成功	爱护实训设备
第 5 步	按下正转启动按钮 SB1	Y0、Y1、Y2 接通，电动机正转 80000 个脉冲，小车右移	用电安全
第 6 步	小车以原点为基准右移 80000 个脉冲后	Y0、Y1、Y2 断开，电动机停止	用电安全
第 7 步	2s 后起动反转	Y0、Y2 接通，电动机反转 80000 个脉冲，小车左移	用电安全
第 8 步	小车以 A 点为基准左移 80000 个脉冲后	Y0、Y2 断开，电动机停止	用电安全
第 9 步	2s 后起动正转（循环）	Y0、Y1、Y2 接通，电动机正转，小车重新右移	用电安全
第 10 步	按下停止按钮 SB2	Y0、Y1、Y2 断开，电动机停止	用电安全
第 11 步	将 RUN/STOP 开关拨到"STOP"位置	"RUN"灯灭，STOP 成功	用电安全
第 12 步	断开漏电开关，拔掉插头，PLC 实训板断电		用电安全
第 13 步	整理实训板线路		恢复实训设备

9. 评分标准（项表 31-6）

项表 31-6　项目实施评分标准

项目内容	配分	评分标准	评分依据	得分
职业素养	20 分	遵守规章制度、劳动纪律 按时按质完成工作任务 积极主动承担工作任务，勤学好问 人身安全与设备安全 工作岗位 6S	1）出勤 2）工作态度 3）劳动纪律 4）团队协作精神 5）6S	
专业能力	60 分	掌握编程软件的使用步骤 掌握项目 I/O 分配表的编写方法 掌握项目 I/O 接线图的绘制 掌握伺服驱动器恢复出厂设置 掌握伺服驱动器电子齿轮比设置 掌握 DRVI 相对定位指令 掌握项目实施过程中的 6S 要点 掌握项目实施安全规范标准 独立完成项目实训	1）操作的准确性与规范性 2）项目完成情况	

（续）

项目内容	配分	评分标准	评分依据	得分
创新能力	20分	在任务过程中能提出自己的有见解的方案	1）方法可行性 2）建议合理性、创新性 3）题目关联性	
		在教学管理上能提出建议，具有合理性、创新性		
		在项目实施过程中，能根据项目设备设计关联题目，开展编程实训		
定额时间		1h，每超过 5min（不足 5min 以 5min 计）	扣 5 分	
备注		除了定额时间，各项目的最高扣分不应超过配分数	成绩	
开始时间		结束时间	实际时间	

10. 项目扩展

某任务用汇川 H1S 系列 PLC 作为控制器，如项图 31-1 所示。小车由伺服电动机控制，现在小车停放在原点位置。要求按下启动按钮后，伺服电动机正转，小车右移到 A 点，停止 2s，然后电动机反转，小车左移到原点位置，停止 2s，然后进入正转，如此循环，循环 5 遍后自动停止。起动后，无论任何时候，当按下停止按钮后，工作台都停止运动（假设小车从原点位置移动到 A 点位置所需要 90000 个脉冲）。要求脉冲频率设置为 10000。请根据控制要求编写 I/O 分配表、I/O 接线图，并编写 PLC 程序（电子齿轮比设置为 3∶1）。

1）I/O 分配表。

2）I/O 接线图。

3）PLC 程序。

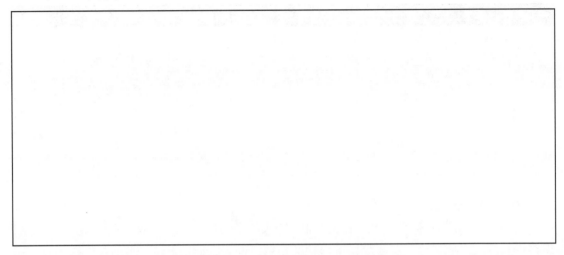

项目 32　伺服电动机绝对位置定位控制编程实训

【工作情景】

某任务用汇川 H1S 系列 PLC 作为控制器，项目工作示意如项图 32-1 所示。小车由伺服电动机控制，现在小车停放在原点位置。要求按下启动按钮后，先向 D8140 寄存器传送 20000 个脉冲。延时 1.5s，步进电动机控制小车右移到 B 点位置停止。1.5s 后，步进电动机带动小车左移到 A 点位置停止。1.5s 后，小车再次右移，如此循环。起动后，无论任何时候，按下停止按钮，当小车回到原点位置后，电动机都停止（假设小车从原点位置移动到 A 点或 B 点位置所需要 80000 个脉冲，电子齿轮比设置为 3∶1）。

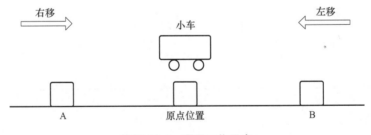

项图 32-1　项目工作示意

【工作任务】

伺服电动机绝对位置定位控制编程实训。

【完成时间】

此工作任务完成时间为 12 课时，指导性课时安排见项表 32-1。

【任务目标】

有 1 个禾川 SV-X2E 伺服驱动器，1 台东菱伺服电动机（60DNMA2-0D40DKAM），通过 PLC 编程实现伺服电动机绝对位置定位控制编程实训。

项表 32-1 指导性课时安排

课 时	内 容	备 注
1～6	引入课题、绘制 I/O 分配表、绘制 I/O 接线图、进行伺服驱动器恢复出厂设置、进行伺服驱动器电子齿轮比设置、熟悉编程操作、进行项目编程练习	
7～12	编程实训，进行项目扩展练习	

【任务要求】

1）绘制 I/O 分配表与接线图。

2）制作项目材料清单。

3）以 6S 作业规范来实施项目。

4）完成按钮控制的程序编写。

5）完成通电前的线路排查。

6）完成程序认证。

7）严格按照第 1 章的安全规范标准实施本项目。

【学习目标】

1）掌握 I/O 分配表的分配方法。

2）掌握 I/O 接线图的绘制。

3）掌握 DRVA 相对定位指令。

4）掌握恢复出厂设置。

5）掌握电子齿轮比设置。

6）掌握项目实施过程中的 6S 要点。

7）掌握项目实施安全规范标准。

【项目实施】

1. 项目实施流程（项图 32-2）

2. 写出 I/O 地址分配

本项目的 I/O 分配见项表 32-2。

项表 32-2 输入 / 输出（I/O）分配

输　入		输　出	
功　能	PLC 地址	功　能	PLC 地址
启动按钮	X0	伺服脉冲信号	Y0
停止按钮	X1	伺服方向信号	Y1
原点位置传感器	X2	伺服使能	Y2

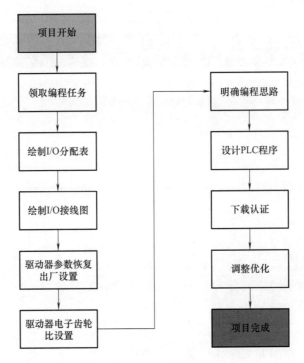

项图 32-2　项目实施流程

3. 画出 PLC 的 I/O 接线图

本项目的 I/O 接线图如项图 32-3 所示。

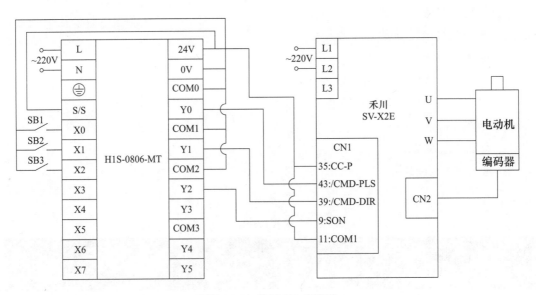

项图 32-3　项目 I/O 接线图

4. 驱动器参数设置

驱动器参数恢复出厂值设置流程如项图 32-4 所示，电子齿轮比设置流程如图 32-5 所示。

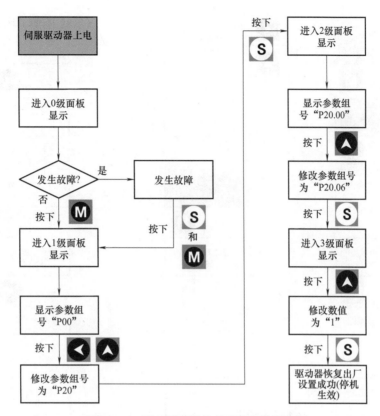

项图 32-4　驱动器参数恢复出厂值设置流程

5. 程序设计

根据 I/O 分配表及项目控制要求分析，画出本项目控制的梯形图。

项目编程思路分析见项表 32-3。

项表 32-3　项目编程思路分析

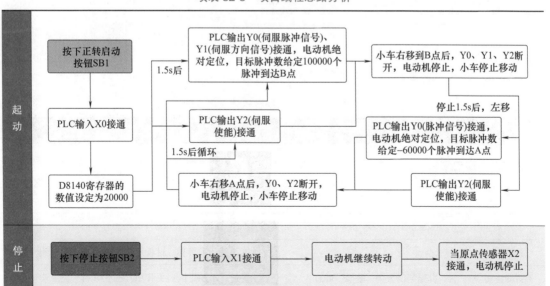

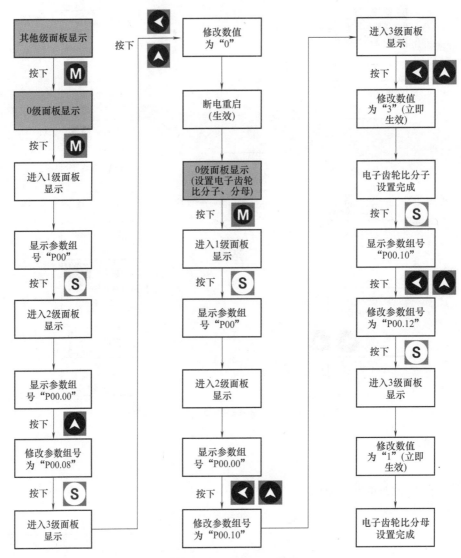

项图 32-5　电子齿轮比设置流程

6. PLC 编程软件使用步骤（项表 32-4，需通电后才可以下载程序）

项表 32-4　PLC 编程软件使用步骤

序　号	图　示	备　注
第 1 步：新建一个保存工程用的文件夹	汇川程序保存	—
第 2 步：双击打开软件	AutoShop	程序版本不同，图标可能不同

（续）

序　号	图　示	备　注
第3步：新建工程	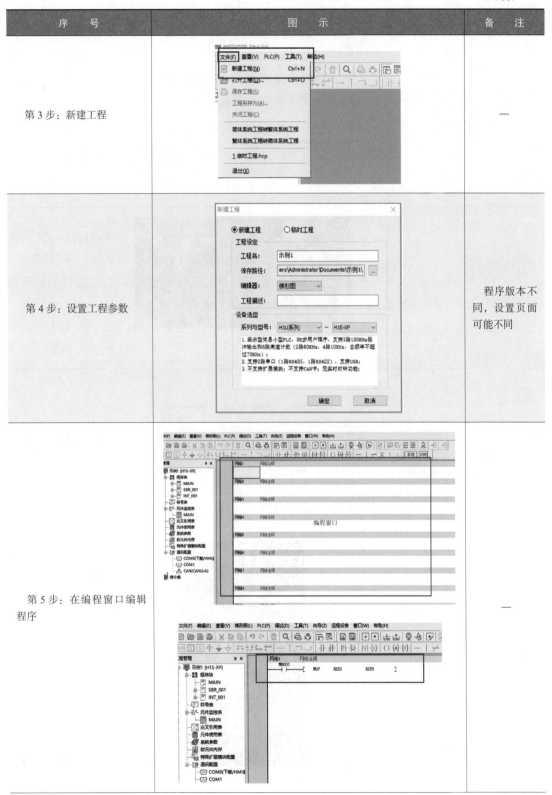	—
第4步：设置工程参数		程序版本不同，设置页面可能不同
第5步：在编程窗口编辑程序		—

（续）

序 号	图 示	备 注
第 6 步：编译程序（Ctrl + F7）。编译完成即自动保存至文件夹（第 1 步中的文件夹）	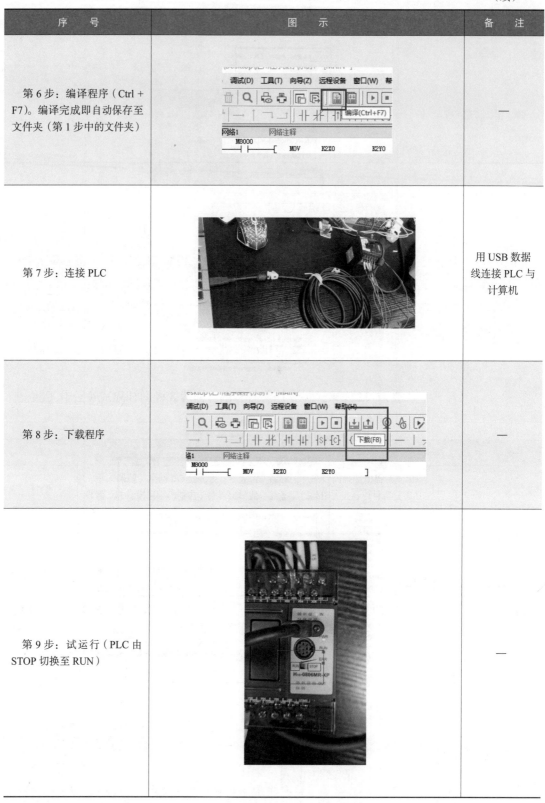	—
第 7 步：连接 PLC		用 USB 数据线连接 PLC 与计算机
第 8 步：下载程序		—
第 9 步：试运行（PLC 由 STOP 切换至 RUN）		—

7. 项目程序（项图 32-6）

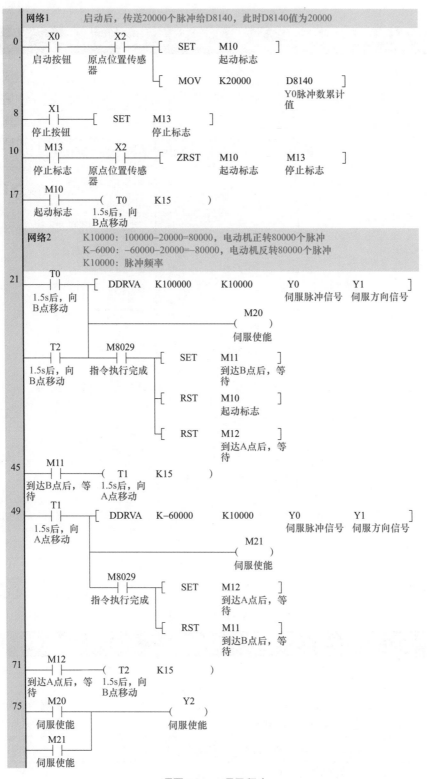

项图 32-6　项目程序

8. PLC 程序调试步骤（项表 32-5）

项表 32-5　PLC 程序调试步骤

操作步骤	操作内容	结　果	6S
第 1 步	将 RUN/STOP 开关拨到"STOP"位置		爱护实训设备
第 2 步	插座取电，合上漏电开关，PLC 实训板上电	PLC"PWR"灯亮，上电成功	用电安全
第 3 步	连接 PLC 与计算机，将程序下载至 PLC 内		
第 4 步	将 RUN/STOP 开关拨到"RUN"位置	"RUN"灯亮，模式切换成功	爱护实训设备
第 5 步	按下启动按钮 SB1	传送 20000 个脉冲到 D8140	用电安全
第 6 步	延时 1s 后	Y0、Y1、Y2 接通，电动机绝对定位 100000 个脉冲，小车到达 B 点	用电安全
第 7 步	小车到达 B 点	Y0、Y1、Y2 断开，电动机停止，小车停止移动	用电安全
第 8 步	等待 2s 后	Y0、Y2 接通，电动机绝对定位 -60000 个脉冲后，小车到达 A 点	用电安全
第 9 步	小车到达 A 点	Y0、Y2 断开，电动机停止，小车停止移动	
第 10 步	等待 2s 后（循环）	Y0、Y1、Y2 接通，电动机绝对定位 10000 个脉冲，小车到达 B 点	
第 11 步	按下停止按钮 SB2	电动机继续运行	用电安全
第 12 步	当小车回到原点位置，传感器信号亮	电动机停止转动，小车停止运动	用电安全
第 13 步	将 RUN/STOP 开关拨到"STOP"位置	"RUN"灯灭，STOP 成功	用电安全
第 14 步	断开漏电开关，拔掉插头，PLC 实训板断电		用电安全
第 15 步	整理实训板线路		恢复实训设备

9. 评分标准（项表 32-6）

项表 32-6　项目实施评分标准

项目内容	配分	评分标准	评分依据	得分
职业素养	20 分	遵守规章制度、劳动纪律	1）出勤 2）工作态度 3）劳动纪律 4）团队协作精神 5）6S	
		按时按质完成工作任务		
		积极主动承担工作任务，勤学好问		
		人身安全与设备安全		
		工作岗位 6S		

（续）

项目内容	配分	评分标准	评分依据	得分
专业能力	60分	掌握编程软件的使用步骤	1）操作的准确性与规范性 2）项目完成情况	
		掌握项目 I/O 分配表的编写方法		
		掌握项目 I/O 接线图的绘制		
		掌握伺服驱动器恢复出厂设置		
		掌握伺服驱动器电子齿轮比设置		
		掌握 DRVA 相对定位指令		
		掌握项目实施过程中的 6S 要点		
		掌握项目实施安全规范标准		
		独立完成项目实训		
创新能力	20分	在任务过程中能提出自己的有见解的方案	1）方法可行性 2）建议合理性、创新性 3）题目关联性	
		在教学管理上能提出建议，具有合理性、创新性		
		在项目实施过程中，能根据项目设备设计出关联的题目，开展编程实训		
定额时间	1.5h，每超过 5min（不足 5min 以 5min 计）		扣 5 分	
备注	除了定额时间，各项目的最高扣分不应超过配分数		成绩	
开始时间		结束时间	实际时间	

10. 项目扩展

某任务用汇川 H1S 系列 PLC 作为控制器，如项图 32-1 所示。小车由伺服电动机控制，现在小车停放在原点位置。要求按下启动按钮后，先向 D8140 寄存器传送 18888 个脉冲。延时 1s，步进电动机控制小车右移到 B 点位置停止。2s 后，步进电动机带动小车左移到 A 点位置停止。2s 后，小车再次右移，如此循环，循环 5 遍后自动停止。起动后，无论任何时候，按下停止按钮，当小车回到原点位置后，电动机都停止（假设小车从原点位置移动到 A 点位置所需要 88888 个脉冲）。要求脉冲频率设置为 9500。请根据控制要求编写 I/O 分配表、I/O 接线图，并编写 PLC 程序（电子齿轮比设置为 3∶1）。

1）I/O 分配表。

2）I/O 接线图。

3）PLC 程序。